国家级一流本科课程实验教材

案例式数据结构实验指导
（C语言版）

主　编　郑　馨　程玉胜
副主编　江克勤　刘学颖
编　委（以姓氏笔画为序）
刘　奎　刘　慧　刘学颖　江克勤
汪皖燕　郑　馨　程玉胜

中国科学技术大学出版社

内 容 简 介

“数据结构”是计算机类专业的核心课程，是数据库、操作系统和计算机网络等后续课程的基础，也是学生提高编程能力和解决复杂工程问题能力的基础。本书旨在通过丰富的实际应用案例，培养学生分析具体问题、建立数学模型并解决实际问题的能力，培养学生创新意识和动手实践的能力，帮助大家从实践层面完善数据结构和算法知识体系构建。全书共10章，前9章包括线性表、树、图等基本数据结构，以及查找、排序等算法，旨在培养学生利用特定数据结构解决简单工程问题的能力。第10章聚焦于综合应用，旨在培养学生综合运用数据结构和算法解决复杂工程问题的能力。

本书可作为《数据结构与算法(C语言版)》的配套实验指导书，也可作为相关专业学生学习和实验的参考书。

图书在版编目(CIP)数据

案例式数据结构实验指导：C语言版/郑馨，程玉胜主编. --合肥：中国科学技术大学出版社，2024.8. --ISBN 978-7-312-06032-8

Ⅰ. TP311.12

中国国家版本馆CIP数据核字第2024TY6119号

案例式数据结构实验指导(C语言版)

ANLISHI SHUJU JIEGOU SHIYAN ZHIDAO (C YUYAN BAN)

出版 中国科学技术大学出版社
安徽省合肥市金寨路96号，230026
http://press. ustc. edu. cn
https://zgkxjsdxcbs. tmall. com

印刷 合肥市宏基印刷有限公司

发行 中国科学技术大学出版社

开本 787 mm×1092 mm 1/16

印张 22.75

字数 522千

版次 2024年8月第1版

印次 2024年8月第1次印刷

定价 68.00元

前　　言

“数据结构”课程是计算机类专业的核心课程，通过学习该课程，学生可提高对计算机问题求解的能力。课程中所学的线性表、树、图等基本数据结构，查找、排序算法等是“数据库”、“操作系统”和“计算机网络”等后续课程的基础。但是，对于许多初学者来说，数据结构的概念与实践往往较为抽象和难以理解，尤其是在实际编程应用时，不知如何下手，无法根据实际问题动手设计数据结构及其算法。

本书通过引入案例教学模式，合理设计实验内容，对每一个知识点精心准备典型实际应用案例，引导读者积极进行思考、分析、讨论和实践，通过上机实验培养学生分析具体问题、建立数学模型并解决实际问题的能力，培养学生创新意识和动手实践的能力，达到学以致用的目的。

本书构建一个以“能力为本”的分层实验教学模式，前9章设置了基础篇和提高篇，最后一章为综合应用，充分锻炼学生的实践能力。其中，基础篇旨在帮助读者巩固和应用本篇所学的基础知识；提高篇旨在培养读者的程序设计能力和解决问题的能力。综合应用章节鼓励读者进行创新设计和实践探索，提高解决复杂工程问题的能力。实验案例采用程序设计竞赛格式描述，包含题目描述、解题思路和参考代码（部分题目拟在PTA平台（https://pintia.cn/）上作为实验题呈现，故参考代码被隐去）；每题均与每一章思维导图串联的知识点对应，力求让读者能够轻松理解和掌握数据结构的概念和技术，并帮助读者在实际应用场景案例中锻炼编程实践能力，并将所学知识应用到实际工作中。

安庆师范大学“数据结构”课程在教学团队成员的共同努力下，经过多年的建设与发展，在团队建设、课程建设、教材建设、人才培养等诸多方面取得了长足的进步和喜人的成果，于2023年被认定为第二批国家级线上线下混合式一流本科课程。

为了方便学生和读者自主学习，课程教学团队免费开放了国家级一流课程教学资源，如教学视频、PPT、课外阅读等，这些资源可以帮助读者更好地理解和应用书中的案例，提高自己的编程能力和解决问题的能力，地址为https://mooc1.chaoxing.com/course/208334194.html。另外，本书在每个案例旁都提供了相应参考代码的二维码下载链接,方便读者自主学习和掌握数据结构的知识。

本书得到安庆师范大学教材建设与出版基金资助。本书的编写人员包括省级教学名师、省级线上教学新秀、省级教学大赛一等奖获得者等优秀的教学一线骨干教师。借本书出版之际,感谢安庆师范大学、阜阳师范大学与安徽易联易创智能科技有限公司的大力支持。感谢所有参与本书编写和出版的各位老师和工作人员,感谢他们为本书的顺利出版付出的辛勤努力。在本书编写过程中,编者参考了大量数据结构实验相关资料,再次对这些资料的作者表示感谢。感谢王伯阳、李争取和3位研究生,他们为本书做了校对工作。同时,我们还要感谢广大读者对本书的支持和信任,希望本书能够为大家提供有益的帮助。

由于编者水平及时间有限,书中存在的不足之处敬请读者批评指正。若有任何问题,请与作者联系,联系方式:zxaoyou@aqnu.edu.cn。

编　者

2023年12月

目　录

第1章 绪　　论

数学家高斯出生于18世纪德国的一个小村庄，据说高斯上小学的一天，课堂秩序很乱，老师非常生气，后果自然也很“严重”。于是老师在放学时要求每个学生都要计算出$1+2+\cdots+100$的结果，谁先算出来就可以先回家。天才少年当然不会被这样的问题难倒，高斯很快就得出了答案，是5050。老师非常惊讶，眼前这个少年，一个才上小学的孩子，为何可以这么快地得出结果？

学完了C语言程序设计之后，聪明的同学们，你们准备怎么编程求解这个著名的问题呢？假如是求解从1加到10亿的结果，你的代码将耗时多久？

思维导图

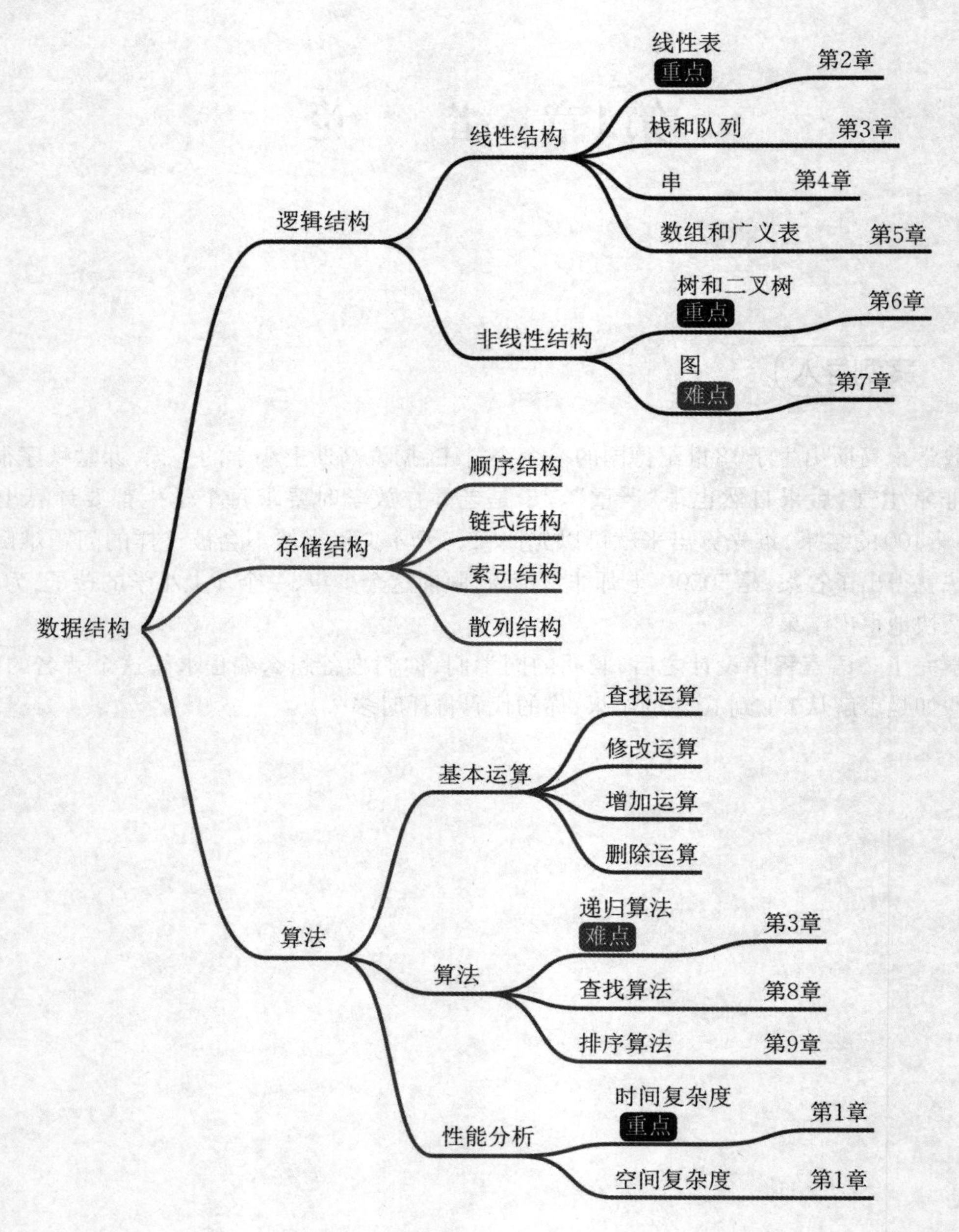
数据结构
逻辑结构
线性结构
线性表
重点
第2章
栈和队列
第3章
串
第4章
数组和广义表
第5章
非线性结构
树和二叉树
重点
第6章
图
难点
第7章
存储结构
顺序结构
链式结构
索引结构
散列结构
算法
基本运算
查找运算
修改运算
增加运算
删除运算
算法
递归算法
难点
第3章
查找算法
第8章
排序算法
第9章
性能分析
时间复杂度
重点
第1章
空间复杂度
第1章

教学目的和教学要求

1. 了解数据结构的定义、数据类型的定义和算法的定义。
2. 掌握算法的时间复杂度和空间复杂度的计算。

基础篇

1.1 分析算法的时间复杂度

题目描述

对算法时间复杂度的分析，例题如下：

求两个n阶方阵的乘积$C=A\times B$的算法如下，分析其时间复杂度。

语句A中循环控制变量i从0增加到n，测试条件$i=n$成立时循环才会终止，故语句A的频度为$n+1$，但它的循环体却只执行n次。

语句B作为语句A循环体内的语句只执行n次，但语句B本身要执行$n+1$次，所以语句B的频度为$n(n+1)$。

同理可得语句C、D和F的频度分别为n^2、$n^2(n+1)$和n^3。

参考代码

```
#define N 20
void MatrixMulti(int A[N][N], int B[N][N], int C[N][N],int n)
{
    int i,j,k;
    for(i=0;i<n;i++)                          //A
        for(j=0;j<n;j++)                      //B
        {
            C[i][j]=0;                        //C
            for(k=0;k<n;k++)                  //D
            C[i][j]=C[i][j]+A[i][k]*B[k][j];  //F
        }
}
```

1.2　分析算法的空间复杂度

题目描述

以下两个程序段(参考代码中)都是用来实现一维数组a中的n个数据逆序存放的,试分析它们的空间复杂度。

解:程序段(1)的空间复杂度为$O(n)$,需要一个大小为n的辅助数组b。

程序段(2)的空间复杂度为$O(1)$,仅需要一个辅助变量t,与问题规模无关。

注意:要想使一个算法既占用存储空间少,又运行时间短,这是很难做到的。原因是上述要求有时相互抵触:要节约算法的执行时间往往需要以牺牲更多的空间为代价,而为了节省空间可能要耗费更多的计算时间。因此,需要根据具体情况进行取舍。

参考代码

```
//(1)
for(i=0;i<n;i++)]
    b[i]=a[n-i-1];
for(i=0;i<n;i++)
    a[i]=b[i];
//(2)
for(i=0;i<n/2;i++){
    t=a[i];
        a[i]=a[n-i-1];
        a[n-i-1]=t;
}
```

1.3　百钱百鸡问题

题目描述

中国古代算书《张丘建算经》中有一道著名的百鸡问题:公鸡每只值5文钱,母鸡每只值3文钱,而3只小鸡值1文钱。用100文钱买100只鸡,其中每种鸡都必须要有。问:这100只鸡中,公鸡、母鸡和小鸡各有多少只?

算法思路

该问题实际上是一个求不定方程整数解的问题。解法如下：

设公鸡、母鸡、小鸡分别为x、y、z只，由题意得：

① $x+y+z=100$；

② $5x+3y+(1/3)z=100$。

参考代码1——三重循环不优化：

```
int i, j, k;
for( i = 1; i < 100; i++)
    for( j = 1; j < 100; j++)
        for( k= 1; k < 100; k++)
            if(i+j+k==100 && k%3==0 && 5*i+3*j+k/3==100)
                printf("i=%d,j=%d,k=%d",i,j,k);
```

参考代码2——三重循环初步优化：

```
int i, j, k;
for( i = 1; i < 20; i++)
    for( j = 1; j < 34; j++)
        for( k= 1; k < 100; k++)
            if(i+j+k==100 && k%3==0 && 5*i+3*j+k/3==100)
                printf("i=%d, j=%d, k=%d\n",i,j,k);
```

参考代码3——二重循环初步优化：

```
int i, j, k;
for( i = 1; i < 20; i++)
    for( j = 1; j < 34; j++)
        if((100-i-j)%3==0 && 5*i+3*j+(100-i-j)/3==100)
            printf("i=%d,j=%d,k=%d\n",i,j, 100-i-j);
```

参考代码4——二重循环经典优化：

```
int i, j, k;
for( i = 1; i <= 14; i++)
    for( j = 1; j < 25; j++)
        if(7*i+4*j==100)
            printf("i=%d,j=%d,k=%d",i,j, 100-i-j);
```

参考代码5——单重循环经典优化：

```
int i, j, k;
for( i = 1; i <= 14; i++){
    j=(100-7*i)/4;
```

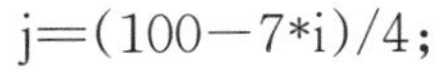

```
    if(7*i+4*j==100)
        printf("i=%d,j=%d,k=%d",i,j, 100-i-j);
}
```

参考代码6——最优化：

```
for( i = 4; i <= 14; i+=4){
    j=(100-7*i)/4;
    if(7*i+4*j==100)
        printf("i=%d,j=%d,k=%d",i,j, 100-i-j);
}
```

第2章 线 性 表

在中国共产党的革命历史中，地下工作是一种特殊的斗争形式。为了保护自己的同志和组织，地下党员通过秘密组织、暗号和密码等方式进行单线联系和沟通，以确保党的事业得以顺利进行。这种方式虽然简单，但却非常有效，不仅保护了党的机密，也有效地避免了敌人的破坏和追捕。地下党员们以坚定的信念和无私的奉献精神，为党和人民的事业默默奉献自己的青春和生命。

同样地，在单链表中，每个元素都有一个指向下一个元素的指针。这种连接方式就像是一条单线，从第一个元素开始，沿着这条线依次向后传递。每个元素都只能通过这个指针与前一个元素或后一个元素建立联系，而不能与其他元素直接相连。这样的设计使得单链表具有很好的灵活性和高效性。当需要插入或删除某个元素时，只需要修改相应的指针即可，不需要像双向链表那样重新连接整个结构。同时，单链表也便于查找和遍历，只需从头结点开始，沿着指针一直向前推进，直到找到目标元素或到达链表末尾为止。

思维导图

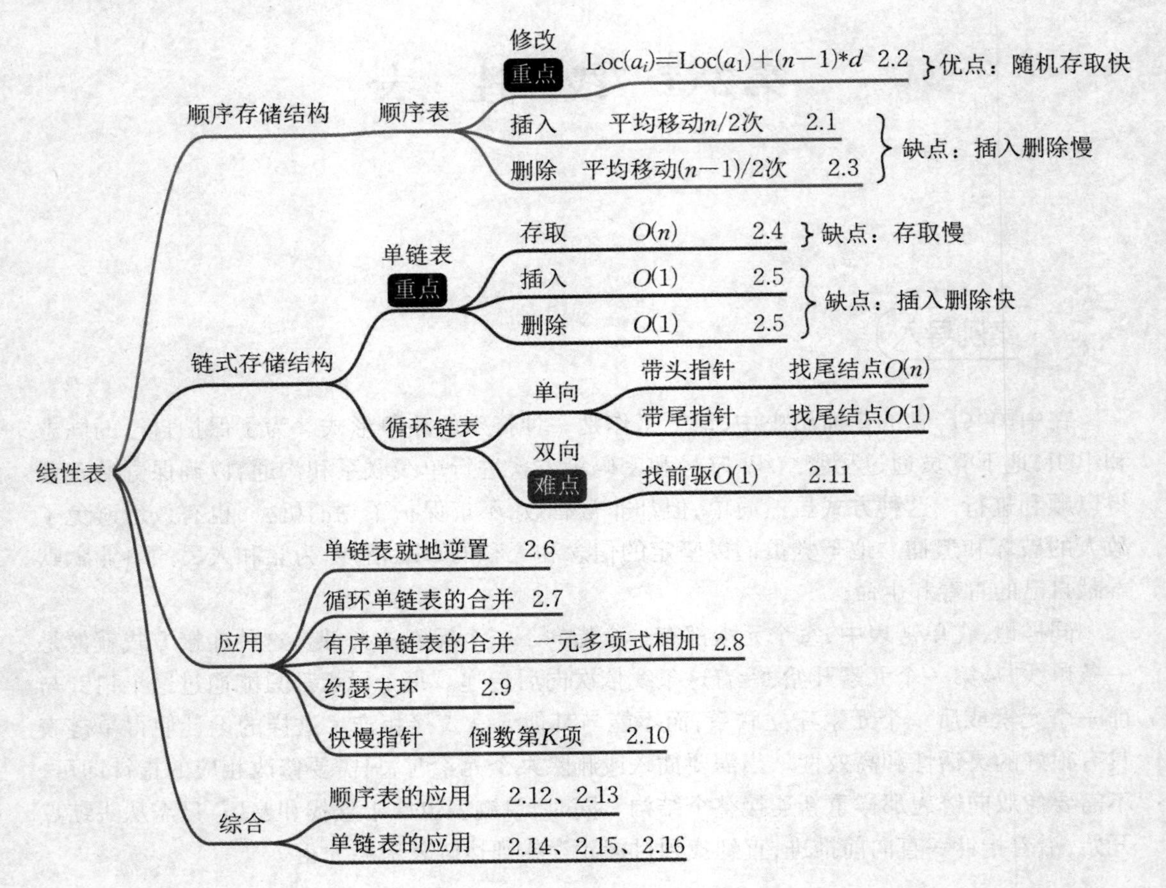

教学目的和教学要求

1. 了解线性表、顺序表和链表的基本概念。
2. 掌握线性表的顺序与链式的表示和实现。
3. 掌握分析复杂工程性问题、解决实际问题的科学方法，培养求实创新意识。

基础篇

2.1 顺序表的插入

题目描述

创建一个顺序表,对顺序表进行插入运算。通过以下步骤测试操作实现是否正确。

已知线性表(1,4,25,28,33,33,48,60,66),在第四个元素之前插入元素“26”。

输入格式

输入n的值,表示顺序表的元素个数;

输入n个整数值,作为顺序表的各元素值;

输入插入的元素x和插入位置i。

输出格式

输出原始顺序表的元素;

输出输入插入的元素x和插入位置i;

输出插入操作之后的顺序表里的元素,验证插入操作的准确性。

输入样例

9

1 4 25 28 33 33 48 60 66

26 4

输出样例

顺序表里的元素有:1 4 25 28 33 33 48 60 66。

插入的元素是26,插入的位置是4。

顺序表里的元素有:1 4 25 26 28 33 33 48 60 66。

解题思路

(1) 定义顺序表结构,用数组实现线性表的顺序存储。

(2) 初始化顺序表,用malloc函数自动申请空间。

(3) 插入元素之前先进行合法性检查。

(4) 先“后移”,后“插入”。

(5) 插入新元素后线性表长度增加。

顺序表中插入元素如图2.1所示。

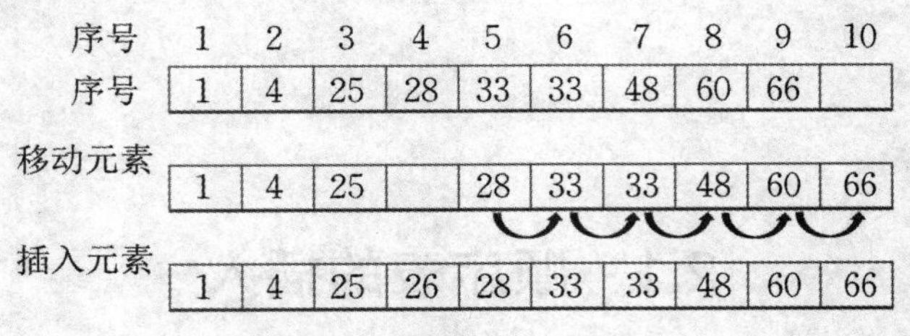

图2.1　顺序表中插入元素

参考代码

```
#include <iostream>
#include <stdio.h>
#include <stdlib.h>
#define InitSize 50
using namespace std;
#define LISTSIZE 100                          /*宏定义的常量表示线性表的最大长度*/
typedef int DataType;                         /*指定顺序表中数据元素的类型为整型*/
typedef struct
{
    int data[LISTSIZE];                       /*线性表占用的数组空间*/
    int length;                               /*线性表的实际长度*/
}SeqList;
void InsList(SeqList &L,int i,DataType a)
{
    int k;
    if(i<1||i>L.length+1)                     /*首先检查插入位置是否合法*/
    {
        cout<<"插入位置i不合法";
        return;
    }
    if(L.length>=LISTSIZE)                    /*检查表空间是否溢出*/
    {
        cout<<"表已满,无法插入";
        return;
    }
    for(k=L.length-1;k>=i-1;k--)              /*从最后一个结点开始后移*/
        L.data[k+1]=L.data[k];
    L.data[i-1]=a;                            /*插入a*/
```

```
    L.length++;                 /*表长加 1*/
}
void WriteList(SeqList &L)
{
    cout<<"请输入创建的顺序表的长度:";
    cin>>L.length;
    cout<<"请依次输入顺序表里的元素:";
    for (int i = 0; i < L.length; i++)
        cin>>L.data[i];
}
bool ListInsert(SeqList &L)         //插入元素
{
    int i, e;
    cout<<"请输入插入顺序表的元素和插入位置:";
    cin>>e>>i;
    if (i<1 || i>L.length + 1)      //判断插入位置是否合理
        return false;
    for (int j = L.length; j >= i; j--)
    {
        L.data[j] = L.data[j-1];    //元素后移
    }
    L.data[i-1] = e;                //元素e插入对应位置
    L.length++;                     //插入新元素后表长增加
    cout<<"插入的元素是:"<<e<<","<<"插入的位置是:"<<i<<endl;
    return true;
}
bool PrintList(SeqList &L)          //打印顺序表
{
    if (! L.data)
        return false;
    cout<<"顺序表里的元素有:"<<endl;
    for (int i = 0; i < L.length; i++)
        cout<<L.data[i]<<" ";
    cout<<endl;
    return true;
}
```

```
int main()
{
    SeqList L;
    WriteList(L);
    PrintList(L);
    ListInsert(L);
    PrintList(L);
    return 0;
}
```

2.2 修改指定位置元素

题目描述

创建一个顺序表,对顺序表中指定位置的元素进行修改。

输入格式

键盘输入数据建立顺序表L,包含顺序表的长度和数据元素。

输出格式

按顺序输出原来顺序表中的元素;

按顺序输出修改后顺序表中的元素。

输入样例1

请输入顺序表的长度:10。

请依次输入顺序表中的元素:11 8 21 6 21 12 13 95 35 26。

请输入需要修改元素的位置:4。

请输入修改后的值:66。

输出样例1

创建的顺序表如下:11 8 21 6 21 12 13 95 35 26。

修改后的顺序表如下:11 8 21 66 21 12 13 95 35 26。

输入样例2

请输入顺序表的长度:8。

请依次输入顺序表中的元素:7 14 21 28 35 42 49 56。

请输入需要修改元素的位置:10。

输出样例2

创建的顺序表如下:7 14 21 28 35 42 49 56。

你输入的位置有误!

修改后的顺序表如下:7 14 21 28 35 42 49 56。

解题思路

(1) 定义顺序表结构,用数组实现线性表的顺序存储。

(2) 修改元素之前先进行合法性检查。

(3) 遍历顺序表,验证修改操作是否成功,若修改失败,顺序表不发生变化。

参考代码

略。

2.3　去除重复元素

题目描述

假设顺序表L中的元素按从小到大的次序排列,编写算法删除顺序表中"多余"的数据元素,即操作之后的顺序表中所有元素都不相同,要求:① 根据键盘输入数据建立顺序表L;② 输出顺序表L,删除多余元素后的顺序表L;③ 假设顺序表的长度是n,要求以$O(n)$的时间复杂度完成多余元素的删除。

输入格式

键盘输入数据建立顺序表L,包含数据元素和顺序表的长度。

输出格式

按顺序输出原来顺序表中的元素;

按顺序输出去重后顺序表中的元素。

输入样例

SeqList L = { {1, 1, 2, 2, 2, 3, 4, 5, 5, 5, 8, 9, 9, 10, 10, 10, 10, 10, 10, 11},20}

输出样例

原本顺序表里面的元素有:1 1 2 2 2 3 4 5 5 5 8 9 9 10 10 10 10 10 10 11 20。

进行去重后,顺序表里面的元素有:1 2 3 4 5 8 9 10 11 20。

解题思路

(1) 根据输入建立顺序表。

(2) 删除相同元素:为了保证顺序表的连续性,每删除一个元素,都要把该元素后面的元素往前移动,来填充删去后的空白。

参考代码

```
#include <iostream>
#include <stdio.h>
#include <stdlib.h>
#define InitSize 50
using namespace std;
#define LISTSIZE 100                /*宏定义的常量表示线性表的最大长度*/
typedef int DataType;               /*指定顺序表中数据元素的类型为整型*/
typedef struct
{
    int data[LISTSIZE];             /*线性表占用的数组空间*/
    int length;                     /*线性表的实际长度*/
}SeqList;
void del_dupnum(SeqList& L)         //删除重复元素
{
    int min = L.data[0];
    int tmp = L.data[0];
    for (int i = 1; i <= L.length; i++)
    {
        if (L.data[i] == tmp) L.data[i] = min;
        else tmp = L.data[i];
    }
    int p=1, q=1;
    while (q <= L.length)
    {
        if (L.data[q] ! = min)
        {
            L.data[p] = L.data[q];
            p++;
        }
        q++;
    }
    L.length = p-1;
}
```

```
void print(SeqList& L)            // 打印顺序表里的数据元素
{
    int i = 0;
    for (i = 0; i <= L.length; i++)
        cout<< L.data[i]<<" ";
}

int main()
{
    SeqList L = {{1,1,2,2,2,3,4,5,5,5,8,9,9,10,10,10,10,10,10,11},20};
    cout<<"原本顺序表里面的元素有:"<<endl;
    print(L);
    del_dupnum(L);
    cout<<endl<<"进行去重后,顺序表里面的元素有:"<<endl;
    print(L);                     //打印验证是否删除成功
    return 0;
}
```

2.4 单链表的查询

题目描述

用尾插法建立一个单链表,并在表中查找下标为i的结点。

输入格式

从键盘依次输入单链表里的数据元素。

输出格式

输出单链表里的数据元素;

输出查找的结点i;

输出找到的结点的值x。

输入样例

请依次输入单链表里面的数据元素:Hello Anqing Normal University。

输出样例

您建立的单链表里如下所示:Hello Anqing Normal University。

查找第7个结点的值;

查找到的结点的值为A。

解题思路

(1) 尾插法建立链表可实现次序的一致,该方法是将新结点插到当前链表的表尾上,因此需增加一个尾指针r,使其指向当前链表的表尾。

(2) 基本操作如下:按下标查找。

① 工作指针p从链表的头结点开始顺着指针域逐个扫描(初值为0);

② 扫描结点后,计数器j相应地加1;

③ 当$j==i$时,指针p所指的结点就是要查找的下标为i的结点。

参考代码

```
#include <iostream>
#include <stdio.h>
#include <stdlib.h>
using namespace std;
typedef struct Node                         /*结点类型定义*/
{
    char data;                              /*结点的数据域*/
    struct Node* next;                      /*结点的指针域*/
}Node,*LinkList;
void CreateListT (LinkList &L)
{
    Node *r,*s;
    L=new Node;                             /*建立头结点*/
    L->next=NULL;                           /*建立空的单链表L*/
    r=L;                                    /*尾指针*/
    char c;
    c=getchar();
    while(c! ='$')                          /*'$'为结束标记*/
    {
        s=new Node;                         /*建立新结点*/
        s->data=c;
        r->next=s;
        r=s;
        c=getchar( );
    }
    r->next=NULL;
```

```
}
//查找第i个结点
Node * GetData(LinkList L,int i)
{
    int j;
    Node *p;
    if(i<=0) return NULL;
    p=L; j=0;                           /*初始化,p指向头结点,j为计数器*/
    while (j<i && p->next! =NULL)      /*顺指针向后查找*/
    {
        p=p->next;
        j++;
    }
    if(i==j) return p;                  /*找到第i个结点*/
        else return NULL;               /*找不到第i个结点*/
    }
    void print(LinkList head)
    {
        cout<<"您建立的单链表里如下所示:"<<endl;
        while(head)
        {
            cout<<head->data;
            head=head->next;
        }
}
int main()
{
    LinkList head;
    CreateListT(head);
    print(head);
    cout<<endl<<"查找第7个结点的值"<<endl;
    LinkList node=GetData(head,7);
    cout<<"查找到的结点的值为 "<<node->data;
    getchar();
    return 0;
}
```

2.5 单链表的删除和插入

题目描述

设计算法,实现单链表的删除和插入操作。

输入格式

从键盘输入单链表中的元素(以0000结束),建立单链表;

在实现删除操作时,从键盘输入删除元素的位置;

在实现插入操作时,从键盘输入插入的位置和插入的元素。

输出格式

依次输出单链表的各项元素。

输入样例

输入单链表的元素(以0000结束):1 2 3 4 5 6 7 8 9 0000。

请输入要删除元素的位置:2。

请输入要插入的位置:5。

请输入要插入的元素:16。

输出样例

建立的单链表如下:1 2 3 4 5 6 7 8 9。

删除成功!

删除元素后的链表如下:1 3 4 5 6 7 8 9。

插入成功!

插入元素后的链表如下:1 3 4 5 16 6 7 8 9。

参考代码

略。

2.6 单链表逆置

题目描述

设计算法将单链表L就地逆置。假设原单链表和逆置后的单链表分别如图2.2和图2.3所示。

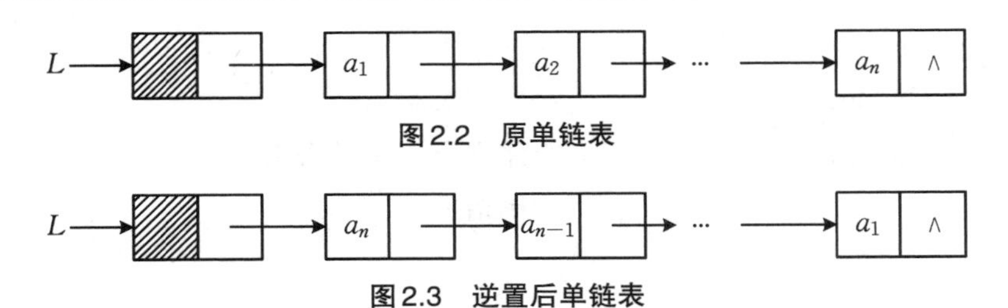

图2.2　原单链表

图2.3　逆置后单链表

输入格式

输入n的值,表示单链表的元素个数;

依次输入n个整数值,作为单链表的各元素值。

输出格式

输出逆置后的单链表的各元素值,各元素值之间用空格分隔。

输入样例1

请输入建立的单链表长度:4。

请依次输入单链表的数据:1 2 3 4。

输出样例1

建立的单链表如下:1 2 3 4。

逆置后的单链表如下:4 3 2 1。

输入样例2

请输入建立的单链表长度:10。

请依次输入单链表的数据:1 9 6 9 8 5 4 1 8 9。

输出样例2

建立的单链表如下:1 9 6 9 8 5 4 1 8 9。

逆置后的单链表如下:9 8 1 4 5 8 9 6 9 1。

参考代码

```
#include <iostream>
#include <stdio.h>
#include <stdlib.h>
using namespace std;
typedef struct node {            //定义结点结构
   int data;
       struct node *next;
}Node,*ListNode;                 //包含数据域和指向下一结点的指针域

void CreateListT (ListNode &L)
{
```

```
    Node *r,*s;
      L=new Node;                          /*建立头结点*/
      L->next=NULL;                        /*建立空的单链表L*/
      r=L;                                 /*尾指针 */
      char c;
      c=getchar();
      while(c! ='$')                       /*'$'为结束标记*/
      {
          s=new Node;                      /*建立新结点*/
          s->data=c;
          r->next=s;
          r=s;
          c=getchar();
      }
          r->next=NULL;
  }
  Node *CreatList()                        //创建单链表
  {
      int val, i, n;
      Node *head, *p, *q;
      head = NULL;
      cout<<"请输入建立的单链表长度:"<<endl;
      cin>>n;
      cout<<"请依次输入单链表的数据:"<<endl;
      for(i=0; i<n; ++i)
      {
          cin>>val;
          p =new Node;
          p->data = val;
          if(NULL == head)
              q = head = p;
          else
              q->next = p;
          q = p;
      }
```

```
    p->next = NULL;
    return head;
}
Node *ReverseList(Node *head)       //链表的逆置
{
    Node *p, *q, *r;
    p = head;
    q=r=NULL;
    while(p)
    {
        q = p->next;
        p->next = r;
        r = p;
        p = q;
    }
    return r;
}
void ShowList(ListNode head)
{
    while(head)
    {
        cout<<head->data<<" ";
        head=head->next;
    }
}
int main()
{
    Node *head;
    head = CreatList();
    cout<<endl<<"建立的单链表如下:"<<endl;
    ListNode newhead = head;
    ShowList(newhead);
    cout<<endl;
    head = ReverseList(head);
    cout<<"逆置后的单链表如下:"<<endl;
```

```
    ListNode newhead2 = head;
    ShowList(newhead2);
    return 0;
}
```

2.7 循环单链表的合并

题目描述

用头插法建立两个循环单链表LA、LB,其分别用尾指针RA和RB指向。编写算法,将两个循环单链表合并为一个循环单链表,其尾指针为RB。

输入格式

以-1作为结束标志,从键盘依次输入循环链表的元素,建立两个循环单链表。

输出格式

输出建立的第一个循环链表LA;

输出建立的第二个循环链表LB;

输出LA和LB合并后得到的新链表。

输入样例

请输入循环单链表的元素(以-1结束):1 2 3 4 5 6 -1。

请输入循环单链表的元素(以-1结束):8 7 6 5 4 3 -1。

输出样例

建立的循环链表LA为:6 5 4 3 2 1。

建立的循环链表LB为:3 4 5 6 7 8。

循环链表LA和LB合并后的链表为:6 5 4 3 2 1 3 4 5 6 7 8。

解题思路

(1) 保存链表RA的头结点地址。

(2) 链表RB的开始结点链到链表RA的终端结点之后。

(3) 释放链表RB的头结点。

(4) 链表RA的头结点链到链表RB的终端结点之后。

(5) RA移到RB位置。

循环单链表的合并过程如图2.4所示。

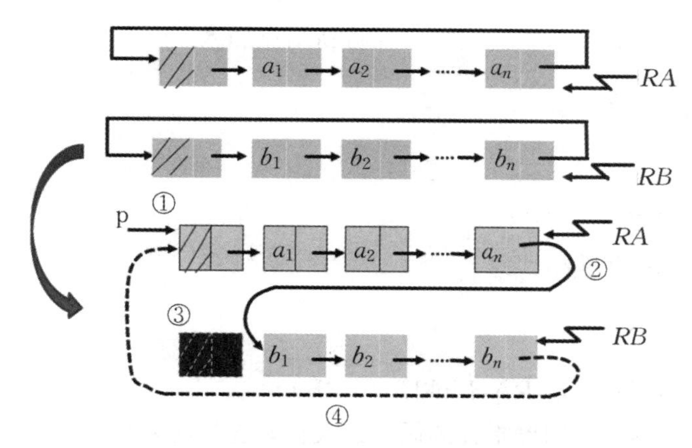

图2.4 循环单链表的合并

参考代码

```
#include 〈iostream〉
#include 〈stdio.h〉
#include 〈stdlib.h〉
using namespace std;
typedef struct LNode                 //定义结点结构
{
    int data;
    struct LNode *next;
}LNode,*LinkList;                    //包含结点的数据域和指向下一结点的指针域
LNode *crt_linklist()                //头插法建立循环单链表
{
    LNode *p;
    int a;                           //链表结点数据元素
    LNode* R = new LNode;
    R->data=-1;                      //区分结点为尾指针结点的标志
    R->next=R;                       //此时循环单链表为空
    cout<<"请输入循环单链表的元素(以-1结束):"<<endl;
    cin>>a;
    while(a! =-1)
    {
        LNode* p= new LNode;
        p->data=a;                   //对新结点的数据域赋值
        p->next=R->next;             //对新结点的指针域赋值
```

```
        R->next=p;                    //将新结点插入
        cin>>a;
    }
    p=R;
    while(p->next! =R)
        p=p->next;
    return p;
}
void ConnectList(LinkList RA,LinkList &RB)
{   /*此算法将两个采用尾指针的循环链表首尾连接起来*/
    LNode *p;
    p=RA->next;
    RA->next=RB->next->next;
    delete RB->next;
    RB->next=p;
    RA=RB;
}
void print(LNode *cl)
{
    LNode *p;
    p=cl->next->next;
    while(p! =cl->next)
    {
        cout<<p->data<<" ";
        p=p->next;
    }
    cout<<endl;
}
int main()
{
    LNode *LA,*LB;
    LA=crt_linklist();
    cout<<endl<<"建立的循环链表LA为:"<<endl;
    print(LA);
    LB=crt_linklist();
    cout<<endl<<"建立的循环链表LB为:"<<endl;
```

```
        print(LB);
        LinkList LA2 = LA;
        LinkList LB2 = LB;
        ConnectList(LA2,LB2);
        LB = LB2;
        cout<<endl<<"循环链表LA和LB合并后的链表为:"<<endl;
        print(LB);
}
```

2.8 一元多项式加法运算

题目描述

设计一个算法用单链表存储多项式,并实现两个多项式相加的函数。

输入格式

从键盘分别依次输入两个多项式中每一项的系数和指数,系数和指数都为0时结束输入。

输出格式

输出两个多项式相加的结果。

输入样例

```
请分别输入多项式中每一项的系数和指数:
5 0
4 1
7 9
15 16
0 0
请分别输入多项式中每一项的系数和指数:
6 1
15 7
-7 9
0 0
```

输出样例

```
第1个多项式:5x^0+4x^1+7x^9+15x^16
第2个多项式:6x^1+15x^7-7x^9
```

两个多项式相加:5x^0+10x^1+15x^7+15x^16

解题思路

一元多项式的每一项都由指数和指数的项非零系数唯一确定,可以定义结构体实现。将链表中的每个结点对应着一元多项式的一个非零项,它由两个域组成,分别为非零项和指向下一结点的指针。

设p和q分别指向多项式P和Q中当前进行比较的某个结点,比较p和q结点的指数项,有3种情况:

(1) p所指结点的指数值小于q所指结点的指数值,此时P链表结点插入“和多项式”中去,指针p后移。

(2) p所指结点的指数值大于q所指结点的指数值,此时Q链表结点插入“和多项式”中去,指针q后移。

(3) p所指结点的指数值和q所指结点的指数值相等时,则将两个结点中的系数相加,当和不为0时,修改结点p的系数,释放q结点。系数之和为0时,无须插入结点到“和多项式”,释放p、q所指结点。

参考代码

```
#include <iostream>
#include <stdlib.h>
#define flag 0                        // 定义数据输入结束的标志数据
using namespace std;
typedef struct Polynode               /*项的表示*/
{
    float coef;                       /*系数*/
    int exp;                          /*指数*/
    struct Polynode *next;            /*指针*/
} Polynode , * Polylist;
typedef struct
{
    float coef;                       // 多项式系数
    int expn;                         // 指数
}DataType;                            // DataType 相当于 struct
typedef struct Node
{
    DataType data;
    struct Node *next;
}LNode,*LinkList;
```

```
void CreateLinkList_tail(LinkList L)  // 尾插法
{
    LNode *s,*r;                      // s为指向当前插入元素的指针,r为尾指针
    DataType x;
    r=L;
    cout<<"请分别输入多项式中每一项的系数和指数:\n";
    cin>>x.coef>>x.expn;              // 分别输入多项式的系数、指数
    while(x.coef!=flag)               // 当该结点中系数为-1时,输入结束
    {
        s=new LNode;                  // 为当前插入元素的指针分配地址空间
        s->data=x;
        r->next=s;
        r=s;
        cin>>x.coef>>x.expn;
    }
    r->next=NULL;
}
void PolyAdd(Polylist &pa,Polylist &pb)
/*将两个多项式相加,然后将和多项式存放在多项式pa中,并将多项式pb删除*/
{
    Polynode *p,*q,*tail,*temp;
    float sum ;
    p=pa->next;                          /*令p和q分别指向pa和pb多项式链表中的
                                         第一个结点*/
    q=pb->next;
    tail=pa;                             /*tail指向和多项式的尾结点*/
    while(p!=NULL&&q!=NULL)              /*当两个多项式均未扫描结束时*/
    {
        if(p->exp<q->exp)                /*①将p结点加入到和多项式中*/
        {
            tail->next=p;tail=p;p=p->next;
        }
        else if (p->exp>q->exp)          /*②将q结点加入到"和多项式中"*/
        {
            tail->next=q;tail=q; q=q->next ;
        }
```

```
        else                    /*③若指数相等,则相应的系数相加*/
        {
            sum=p->coef+q->coef;
            if(sum! =0.0)       /*系数和非零,则系数和置入结点p,p加入和多项式,释
                                放结点q,并将指针后移*/
            {
                p->coef=sum;
                tail->next=p; tail=p; p=p->next ;
                temp=q ;q=q->next ;delete temp;
            }
            else                /*若系数和为零,则删除结点p与q,并将指针指向下
                                一个结点*/
            {
                temp=p;p=p->next; delete temp;
                temp=q;q=q->next; delete temp;
            }
        }
    }
    if(p ! =NULL)               /*多项式A中还有剩余,则将剩余的加点加入到和多
                                项式中*/
        tail->next=p ;
    else                        /*否则,将B中的结点加入到和多项式中*/
        tail->next=q ;
    delete pb ;                 /*释放pb的头结点*/
}
LinkList Add_L(LinkList P,LinkList Q)  //两个多项式相加
{
    LNode *p,*q;        //p和q分别指向多项式P和Q中当前进行比较的某个结点
    LNode *r,*s;        //r指向和多项式链表的尾指针,s指向待释放指针
    float sum;          // sum记录相同指数结点的系数和
    p=P->next;          //p一开始指向第一个元素的结点(非头结点)
    q=Q->next;          //q一开始指向第一个元素的结点(非头结点)
    r=P;                //r初始指向P多项式链表,并始终指向和多项式尾结点
    while(p&&q)
    {
```

```
if((p->data).expn < (q->data).expn)
{ //第1种情况:p所指结点的指数值小于q所指结点的指数值
  //此时P链表结点插入到"和多项式"中去,且指针p后移
  r->next=p;
  r=r->next;
  p=p->next;
}
else if((p->data).expn > (q->data).expn)
{ //第2种情况:p所指结点的指数值大于q所指结点的指数值
  //此时Q链表结点插入到"和多项式"中去,且指针q后移
  r->next=q;
  r=r->next;
  q=q->next;
}
else
{ //第3种情况中又分为2种情况
  sum=(p->data).coef+(q->data).coef;
      //求出指数值相同的两个结点对应的系数之和
  if(sum! =0)
  { /* 1)系数之和不为0时,系数和重新赋值给p并插入"和多项式",释放q
    所指结点,另将q后移 */
        (p->data).coef=sum;
        r->next=p;
        r=r->next;
        p=p->next;
        s=q;
        q=q->next;
        delete;
    }
    else
    { /* 2)系数之和为0时,无须插入结点到"和多项式",释放p、q所指结
      点,另将p、q后移 */
        s=p;
        p=p->next;
        free(s);
```

```
                s=q;
                q=q->next;
                delete;
            }
        }
    }
    if(p)                          // 若链表P还有待处理的结点,链接P链表中剩下结点
        r->next=p;
    else                           // 否则,链接 Q 链表中剩下结点
        r->next=q;
    delete;                        // 释放Q的头结点
    return P;                      // 返回和多项式头链表
}

void printlinklist(LinkList L)     // 输出链表
{
    LNode *p;
    p=L->next;                     // p指向第一个元素的结点(非头结点)
    while(p)
    {
        cout<<p->data.coef<<"*x^"<<p->data.expn;
        p=p->next;                 // p指向下一个结点
        if(p && p->data.coef>0)
                                   // 若p不为空且系数大于0,则在该数前添加一个"+"号
            cout<<"+";

    }
    cout<<endl;
}

int main()
{
    LinkList L,Q,P;                // 等价于LNode *L,*Q,*P;
    L=new LNode;
    L->next=NULL;                  // 建立空链表L
```

```
    Q=new LNode;
    Q->next=NULL;              // 建立空链表 Q
    CreateLinkList_tail(L);    // 创建第1个多项式 L
    cout<<"第1个多项式:";
    printlinklist(L);          // 输出第1个多项式 L
  CreateLinkList_tail(Q);      // 创建第2个多项式 Q
    cout<<"第2个多项式:";
    printlinklist(Q);          // 输出第2个多项式 Q
  P=Add_L(L,Q);                // P为和多项式,将多项式L与多项式Q相加后的和
                               // 多项式赋给P
    cout<<"两个多项式相加:";
    printlinklist(P);          // 输出和多项式P
    return 0;
}
```

2.9 循环链表实现约瑟夫问题

题目描述

要求读入2个整数A和B,然后输出2个整数C和D。其中A表示人数,这些人的id分别为1,2,3,…,A,他们按照id依次围成一圈。从id为1的人开始报数,报到B的人退出圈,然后从下一个人开始重新报数(即从1开始报数),报到B的人又退出圈,如此反复,直到剩下2人为止。C和D为剩下的2人的id。

输入格式

在一行中输入大于0且不超过1000的整数A和B。要求$A>B$。

输出格式

在一行中输出C和D,由空格隔开。

输入样例1

41 3

输出样例1

16 31

输入样例2

25 17

输出样例2

13 23

参考代码

略。

2.10 求倒数第K项

题目描述

给定一系列正整数,请设计一个尽可能高效的算法,查找链式线性表倒数第K个位置上的数字。

输入格式

第一行首先给出一个正整数K;

第二行输入若干正整数,最后以一个负整数表示结尾(该负数不算在序列内,不要处理)。

输出格式

输出倒数第K个位置上的数据。如果这个位置不存在,输出错误信息NULL。

输入样例1

5

1 3 0 3 3 1 7 3 2 3 7 −1

输出样例1

7

输入样例2

6

1 3 0 6 3 2 8 0 6 4 8 −1

输出样例2

2

参考代码

```
#include <iostream>
using namespace std;
struct node {
    int data;
    node* next;
```

```
};
int main() {
    node* list = new node;
    list->data = 0x7fffffff;
    list->next = NULL;
    long long k;
    cin >> k;
    int data;
    while (cin >> data && data >= 0) {
        node* newnode = new node;
        newnode->data = data;
        newnode->next = list->next;
        list->next = newnode;
    }
    long long count = 1;
    node* p = list->next;
    while (p != NULL) {
        if (count == k)
            break;
        count++;
        p = p->next;
    }
    if (p != NULL)
        cout << p->data;
    else
        cout << "NULL";
    return 0;
}
```

2.11 交换双向循环链表的结点*p*和它的前驱结点

题目描述

已知*p*指向双向循环链表中的一个结点,其结点结构为data、prior、next三个域,写出算法change(p),交换p所指向的结点和它的前缀结点的顺序。

输入格式

建立双向循环链表时,从键盘输入链表的长度,并依次从键盘输入链表中的各项元素;交换结点p和它的前驱结点时,从键盘输入p的值。

输出格式

输出双向链表中的各项元素(用空格将各元素分开)。

输出交换结点p和它的前驱结点之后的链表中各项元素(用空格将各元素分开),验证交换是否成功。

输入样例

请输入双向循环链表中元素的个数:5
请输入第1个元素的值:1
请输入第2个元素的值:2
请输入第3个元素的值:3
请输入第4个元素的值:4
请输入第5个元素的值:5
请输入要交换的结点的值:5

输出样例

此时双向循环链表中的元素为1 2 3 4 5
此时双向循环链表中的元素为1 2 3 5 4

参考代码

```
#include <iostream>
using namespace std;
typedef struct DLnode
{
    int data;
    struct DLnode *prior;
    struct DLnode *next;
}DLnode, *LinkList;
int InitList(LinkList &L)
{
    L = new DLnode;
    L->next = L;
    L->prior = L;
    return 1;
}
```

```
void TraveList(LinkList L)
{
    DLnode *p;
    p = L->next;
    cout<<endl<<"此时双向循环链表中的元素为:";
    while (p ! = L)
    {
        cout<<p->data<<" ";
        p = p->next;
    }
    cout<<endl;
}

int ListLength(LinkList &L)
{
    DLnode *p;
    p = L->next;
    int length = 0;
    while (p! =L)
    {
        length++;
        p = p->next;
    }
    return length;
}

void CreateList(LinkList &L, int &n)
{
    L = new DLnode;
    L->next = L;
    L->prior = L;
    DLnode *p;
    p = L;
    for (int i = 0; i < n; i++)
    {
```

```
        cout<<"请输入第"<<i + 1<<"个元素的值:";
        DLnode *s;
        s = new DLnode;
        cin>>s->data;
        p->next = s;
        s->next = L;
        s->prior = p;
        p = s;
    }
}

void Change(LinkList p)
{
    DLnode *q;
    q = p->prior;
    q->prior->next = p;     // p的前驱的前驱之后继为p
    p->prior = q->prior;    // p的前驱指向其前驱的前驱
    q->next = p->next;      // p的前驱的后继为p的后继
    p->next->prior = q;     // p的后继的前驱指向原p的前驱
    q->prior = p;           // p与其前驱交换
    p->next = q;            // p的后继指向其原来的前驱
}

int main()
{
    LinkList L;
    if (InitList(L))
        cout<<"L初始化成功."<<endl;
    else
        cout<<"L初始化失败."<<endl;
    cout<<"请输入双向循环链表中元素的个数:";
    int n;
    cin>>n;
    CreateList(L, n);
    TraveList(L);
    //cout<<"链表长度:"<<ListLength(L);
```

```
    cout<<endl<<"请输入要交换的结点的值:";
    DLnode *s;
    s = new DLnode;
    cin>>s->data;
    DLnode *p;
    p = L->next;
    while (p ! = L)
    {
        if (p->data == s->data)
        {
            Change(p);
            break;
        else
            p = p->next;
        }
    }
    TraveList(L);
    system("pause");
    return 0;
}
```

提高篇

2.12 个性化音乐播放

题目描述

多听音乐可以帮助我们消除紧张情绪、减轻生活压力。在医学研究中发现,经常接触音乐节奏和旋律会对人体的脑波、心跳、肠胃蠕动、神经感应等产生某些作用,进而促进身心健康。随着科学技术的进一步发展,音乐与医学的关系将越来越密切,正如莱歇文博士所说:"音乐和医学过去一直是,将来也仍然是不可分割的。"请设计一个程序,使用顺序表实现一个个性化音乐播放列表,可以添加音乐、删除音乐、显示当前播放列表和播放下一首音乐。

输出样例

•请选择操作:
1. 添加音乐
2. 删除音乐
3. 显示音乐播放列表
4. 播放下一首
5. 退出
选择操作:1
请输入音乐名称:我记得
请输入音乐时长:329
请输入作者信息:赵雷
请输入专辑信息:署前街少年
添加成功!
•请选择操作:
1. 添加音乐
2. 删除音乐
3. 显示音乐播放列表
4. 播放下一首
5. 退出
选择操作:1
请输入音乐名称:鼓楼
请输入音乐时长:281
请输入作者信息:赵雷
请输入专辑信息:无法长大
添加成功!
•请选择操作:
1. 添加音乐
2. 删除音乐
3. 显示音乐播放列表
4. 播放下一首
5. 退出
选择操作:3
当前播放列表:

序号	音乐名称	时长	作者	专辑名称
1.	我记得	329 seconds	赵雷	署前街少年
2.	鼓楼	281 seconds	赵雷	无法长大

• 请选择操作:
1. 添加音乐
2. 删除音乐
3. 显示音乐播放列表
4. 播放下一首
5. 退出
选择操作:2
请输入音乐名称:我记得
音乐 '我记得' 已从播放列表中删除。
• 请选择操作:
1. 添加音乐
2. 删除音乐
3. 显示音乐播放列表
4. 播放下一首
5. 退出
选择操作:3
当前播放列表为:

序号	音乐名称	时长	作者	专辑名称
1.	鼓楼	281 seconds	赵雷	无法长大

• 请选择操作:
1. 添加音乐
2. 删除音乐
3. 显示音乐播放列表
4. 播放下一首
5. 退出
选择操作:5

解题思路

(1) 定义结构体Music,包含音乐名称、时长、作者和专辑名称四个字段。

(2) 定义结构体Playlist,包含一个Music数组,一个当前音乐数量count,以及一个最大容量capacity字段。

(3) 初始化音乐播放列表,使用initPlaylist函数,将count置为0,capacity设定为最大容量,初始化时current指向第一首音乐。

(4) 添加音乐时,使用addMusic函数,将指定的音乐信息添加到音乐播放列表中。注意检查是否超出最大容量。

(5) 删除音乐时,使用deleteMusic函数,根据音乐名称在音乐播放列表中查找并删除指定的音乐。注意移动数组元素以保持连续性。

(6) 显示当前播放列表时,使用displayPlaylist函数,遍历音乐播放列表,打印出每首音乐的相关信息。

(7) 播放下一首音乐时,使用playNextMusic函数,将当前播放指针后移一位,并打印出当前播放的音乐信息。如果指针达到末尾,则回到列表的开头。

参考代码

```
#include <iostream>
#include <stdio.h>
#include <string.h>
using namespace std;
#define MAX_Music 100
typedef struct {                    // 定义音乐信息
    char name[30];
    int duration;
    char author[30];
    char album[30];
}Music;                             //包括音乐名称、时长、作者和专辑名称
typedef struct {                    //用顺序表实现音乐播放列表
    Music MusicMenu[MAX_Music];
    int count;
    int capacity;
    int current;
} Playlist;
void initPlaylist(Playlist *playlist, int capacity)
{   //初始化
    playlist->count = 0; //播放列表为空
    playlist->capacity = capacity;
    playlist->current = 0;
}
void addMusic(Playlist *playlist, char* name, int duration, char* author, char* album)
                                    //往歌单里添加歌曲
{
    if (playlist->count >= playlist->capacity)
    {
        cout<<"当前播放列表已满,无法添加音乐!"<<endl;
```

```
        return;
    }
    strcpy(playlist->MusicMenu[playlist->count].name, name);
    playlist->MusicMenu[playlist->count].duration = duration;
    strcpy(playlist->MusicMenu[playlist->count].author, author);
    strcpy(playlist->MusicMenu[playlist->count].album, album);
    playlist->count++;
}
void deleteMusic(Playlist *playlist, char *name)
{
    int i, found = 0;
    for(i = 0; i < playlist->count; i++)
    {
        if (strcmp(playlist->MusicMenu[i].name, name) == 0)
        {
            found = 1;
            break;
        }
    }
    if (found)
    {
        for( ; i < playlist->count - 1; i++)
        {
        strcpy(playlist->MusicMenu[i].name, playlist->MusicMenu[i+1].name);
        playlist->MusicMenu[i].duration=playlist->MusicMenu[i+1].duration;
        strcpy(playlist->MusicMenu[i].author, playlist->MusicMenu[i+1].author);
        strcpy(playlist->MusicMenu[i].album, playlist->MusicMenu[i+1].album);
        }
            playlist->count--;
            cout<<"音乐"<<name<<"已从播放列表中删除."<<endl;
        }
        else
        {
        cout<<"音乐不存在!"<<endl;
    }
}
```

```
void displayPlaylist(Playlist *playlist)
{
    int i;
    cout<<"当前播放列表为:"<<endl;
        cout<<"序号"<<"  "<< "音乐名称"<<"  "<<"时长"<<"  "<<"
作者"<<"  "<<"专辑"<<endl;
    for (i = 0; i < playlist->count; i++)
    {
        cout<<i + 1<<"  "<<playlist->MusicMenu[i]. name<<"  "<<
playlist->MusicMenu[i]. duration
            <<"  "<<playlist->MusicMenu[i]. author<<"  "<<playlist->
MusicMenu[i]. album<<endl;
    }
}
void playNextMusic(Playlist *playlist)
{   //播放下一首
    if(playlist->count == 0)
    {      //播放列表为空,找不到可以播放的音乐
        cout<<"播放出错啦! \n"<<endl;
        return;
    }
    cout<<"播放下一首音乐:"<<playlist->MusicMenu[playlist->current].
name<<endl;
    playlist->current = (playlist->current + 1) % playlist->count;
}
int main()
{
    Playlist playlist;
    char name[30], author[30], album[30];
    int duration,choice;
    initPlaylist(&playlist, 10);
    while (1)
    {
        cout<<endl<<"请选择操作:"<<endl;
        cout<<"1. 添加音乐"<<endl;
        cout<<"2. 删除音乐"<<endl;
```

```
cout<<"3. 显示音乐播放列表"<<endl;
cout<<"4. 播放下一首"<<endl;
cout<<"5. 退出"<<endl;
cout<<"选择操作:";
cin>>choice;
if (choice == 1)
{
    cout<<"请输入音乐名称:";
    cin>>name;
    cout<<"请输入音乐时长:";
    cin>>duration;
    cout<<"请输入作者信息:";
    cin>>author;
    cout<<"请输入专辑信息:";
    cin>>album;
    addMusic(&playlist, name,duration, author, album);
    cout<<"添加成功! "<<endl;
}
else if (choice == 2)
{
    cout<<"请输入音乐名称:";
    cin>>name;
    deleteMusic(&playlist, name);
}
else if (choice == 3)
{
    displayPlaylist(&playlist);
}
else if (choice == 4)
{
    playNextMusic(&playlist);
}
else if (choice == 5)
{
    break;
}
```

```
        else
        {
            cout<<"输入错误,请重新选择! "<<endl;
        }
    }
    return 0;
}
```

2.13 学生管理系统

题目描述

1998年以后,我国高等教育的发展战略发生了重大变化,高等教育改走大众教育路线,发展战略变成扩招战略,增加了学生接受高等教育的机会。据统计,安庆师范大学2023年共迎来8075名新同学。为了提高管理效率,请使用单链表实现一个简单的学生管理系统。要求该系统可以添加学生信息、删除学生信息、显示所有学生信息和按照学号查询学生信息。

输入样例

```
addStudent(head, 1, "张三", 18);
addStudent(head, 2, "李四", 19);
addStudent(head, 3, "王五", 20);
displayStudents(head);
deleteStudent(head, 2);
displayStudents(head);
findStudent(head, 3);
findStudent(head, 4);
```

输出样例

```
学生信息如下:
1. 张三 18
2. 李四 19
3. 王五 20
学号为 2 的学生已从系统中删除。
学生信息如下:
1. 张三 18
3. 王五 20
```

查找成功：
3. 王五 20
系统中没有找到学号为4的学生。

解题思路

(1) 定义结构体 Student，包含学生的学号、姓名和年龄三个字段。

(2) 定义结构体 ListNode，包含一个 Student 字段和一个指向下一个结点的指针。

(3) 初始化学生管理系统时，使用 initList 函数，创建头结点并将其 next 指针置为 NULL。

(4) 添加学生信息时，使用 addStudent 函数，创建新结点，填充学生信息，并将其插入链表尾部。

(5) 根据学号删除学生信息时，使用 deleteStudent 函数，遍历链表，找到对应学号的结点并删除。

(6) 显示所有学生信息时，使用 displayStudents 函数，遍历链表，依次打印每个学生的信息。

(7) 按学号查询学生信息时，使用 findStudent 函数，遍历链表，找到对应学号的结点并打印学生信息。

(8) 使用主函数初始化链表，执行添加、删除、查询操作，并打印结果。

参考代码

```
#include <iostream>
#include <stdlib.h>
#include <string.h>
using namespace std;
typedef struct {                //定义结构体Student
    int id;
    char name[50];
    int age;
} Student;                      //包含学生的学号、姓名和年龄
typedef struct ListNode {       //定义结构体 ListNode
    Student student;
    struct ListNode* next;
} ListNode;                     //包含一个 Student 字段和一个指向下一个结点的指针
ListNode* initList() {          //初始化学生管理系统
    ListNode* head = new ListNode;
    head->next = NULL;
    return head;
```

```
}
void addStudent(ListNode* head, int id, char* name, int age) //添加学生信息
{
    ListNode* newNode = new ListNode;
    newNode->student.id = id;
    strcpy(newNode->student.name, name);
    newNode->student.age = age;
    newNode->next = NULL;
    ListNode* p = head;
    while (p->next != NULL)
    {
        p = p->next;
    }
    p->next = newNode;
}
void deleteStudent(ListNode* head, int id)                    //根据学号删除学生信息
{
    ListNode* p = head->next;
    ListNode* prev = head;
    while (p != NULL)
    {
        if (p->student.id == id)
        {
            prev->next = p->next;
            free(p);
            cout<<endl<<"学号为"<<id<<"的学生已从系统中删除."<<
endl;
            return;
        }
        prev = p;
        p = p->next;
    }
    cout<<endl<<"系统中没有找到学号为"<<id<<"的学生.";
}
void displayStudents(ListNode* head)                          //显示所有学生信息
{
```

```
        cout<<endl<<"学生信息如下:"<<endl;
        ListNode* p = head->next;
        while (p != NULL)
        {
            cout<<p->student.id<<" "<<p->student.name<<" "<<p->student.age<<endl;
            p = p->next;
        }
    }
    void findStudent(ListNode* head, int id)  //按学号查询学生信息
    {
        ListNode* p = head->next;
        while (p != NULL)
        {
            if (p->student.id == id)
            {
                cout<<endl<<"查找成功!查询到学生信息如下:"<<endl;
                cout<<p->student.id<<" "<<p->student.name<<" "<<p->student.age<<endl;
                return;
            }
            p = p->next;
        }
        cout<<endl<<"系统中没有找到学号为"<<id<<"的学生."<<endl;
    }
    int main() {
        ListNode* head = initList();
        addStudent(head, 1, "张三", 18);
        addStudent(head, 2, "李四", 19);
        addStudent(head, 3, "王五", 20);
        displayStudents(head);
        deleteStudent(head, 2);
        displayStudents(head);
        findStudent(head, 3);
        findStudent(head, 4);
        return 0;
    }
```

2.14 电影票售卖管理

题目描述

1895年12月28日,卢米埃尔兄弟在法国巴黎公开放映了他们拍摄的《工厂大门》《拆墙》《婴儿的午餐》等具有历史意义的影片,这一天被人们公认为世界电影的诞生日。电影从产生至今,逐步发展成为一门独立的艺术形式。电影既是文化的载体,又是文化的产物,亦是非常有效的文化传播方式之一。电影已经成为我们生活中不可或缺的一部分。请编写一个程序,实现一个简单的电影票售卖系统,对电影票进行管理,并动态扩容以适应不同数量的购票需求。

要求:

(1) 程序使用C语言编写。

(2) 利用顺序表作为数据结构实现电影票售卖系统的管理。

(3) 提供以下功能:

① 新增电影票:用户输入电影票的信息,包括电影名称、上映时间、类型、价格等,并将其保存到售卖系统中;

② 删除电影票:用户输入要删除的电影的名称,在系统中查找并删除对应的电影票;

③ 查询电影票:用户输入电影名称,在系统中查找并输出对应电影的上映时间、类型和价格;

④ 选择电影票:根据电影类型或上映时间对系统中的电影进行筛选,从而选择合适的电影票;

⑤ 输出记录:按顺序打印系统中现存电影票的信息。

提供充分的注释和说明,确保代码的可读性。

输出样例

• 请选择操作:

1. 新增电影票
2. 删除电影票
3. 查询电影票
4. 选择电影票
5. 现存的电影票
6. 退出

选择操作:1

请输入电影名称:涉过愤怒的海
请输入电影类型:悬疑
请输入电影上映时间:2023-12-4
请输入电影票价格:41
• 请选择操作:
1. 新增电影票
2. 删除电影票
3. 查询电影票
4. 选择电影票
5. 现存的电影票
6. 退出
选择操作:1
请输入电影名称:我本是高山
请输入电影类型:剧情
请输入电影上映时间:2023-12-5
请输入电影票价格:41
• 请选择操作:
1. 新增电影票
2. 删除电影票
3. 查询电影票
4. 选择电影票
5. 现存的电影票
6. 退出
选择操作:1
请输入电影名称:热搜
请输入电影类型:犯罪
请输入电影上映时间:2023-12-5
请输入电影票价格:36
• 请选择操作:
1. 新增电影票
2. 删除电影票
3. 查询电影票
4. 选择电影票
5. 现存的电影票
6. 退出
选择操作:5

电影名称　　　　电影类型　　上映时间　　　　价格
涉过愤怒的海　　悬疑　　　　2023-12-4　　　　41
我本是高山　　　剧情　　　　2023-12-5　　　　41
热搜　　　　　　犯罪　　　　2023-12-5　　　　36
• 请选择操作:
1. 新增电影票
2. 删除电影票
3. 查询电影票
4. 选择电影票
5. 现存的电影票
6. 退出
选择操作:3
请输入电影名称:我本是高山
您查询的电影上映时间:2023-12-5
电影类型:剧情
价格:41
• 请选择操作:
1. 新增电影票
2. 删除电影票
3. 查询电影票
4. 选择电影票
5. 现存的电影票
6. 退出
选择操作:4
请输入电影类型或上映时间:悬疑
符合要求的电影:涉过愤怒的海
• 请选择操作:
1. 新增电影票
2. 删除电影票
3. 查询电影票
4. 选择电影票
5. 现存的电影票
6. 退出
选择操作:2
请输入电影名称:热搜
• 请选择操作:

1. 新增电影票
2. 删除电影票
3. 查询电影票
4. 选择电影票
5. 现存的电影票
6. 退出
选择操作:5

电影名称	电影类型	上映时间	价格
涉过愤怒的海	悬疑	2023-12-4	41
我本是高山	剧情	2023-12-5	41

• 请选择操作:
1. 新增电影票
2. 删除电影票
3. 查询电影票
4. 选择电影票
5. 现存的电影票
6. 退出
选择操作:6

解题思路

(1) 定义一个电影票的结构体 Ticket,包括电影名称、上映时间、电影类型和价格等信息。

(2) 定义一个顺序表的结构体 TicketSystem,包含动态数组、当前存储的电影票数量和当前数组的容量。

(3) 初始化顺序表时,使用 initTicketSystem 函数,创建一个空的顺序表并初始化容量和数量。

(4) 给顺序表动态扩容时,使用 expandTicketSystem 函数,当电影票数量超过数组容量时,增大数组的容量。

(5) 新增电影票时,使用 addTicket 函数,将用户输入的电影票信息保存到售卖系统中,根据当前数组容量进行扩容。

(6) 删除电影票时,使用 deleteTicket 函数,根据用户输入的电影名称进行匹配和删除。

(7) 查询电影票时,使用 findTicket 函数,根据用户输入的电影名称查找并输出对应电影上映的时间、类型和价格。

(8) 选择电影票时,使用 selectTicket 函数,根据电影类型或上映时间对系统中的电影进行筛选,从而选择合适的电影票。

(9) 使用 printTicketSystem 函数,按顺序打印系统中现存电影票的信息。

(10) 编写主函数,通过菜单方式接收用户的操作选择,调用相应的函数执行操作。

参考代码

```
#include <iostream>
#include <stdio.h>
#include <stdlib.h>
#include <string.h>
using namespace std;
typedef struct {      //定义数据对象电影票
    char name[50];
    char type[50];
    char time[50];
    int price;
} Ticket;             //包括电影的名称、电影的类型、上映时间和电影票的价格
typedef struct {      //用顺序表表实现电影票信息的存储
    Ticket* data;
    int count;
    int capacity;
} TicketSystem;
void initTicketSystem(TicketSystem* ts)                      //初始化
{
    ts->data = (Ticket*)ts->data=new Ticket[10](sizeof(Ticket) * 10);
                                                             // 初始容量为10
    ts->count = 0;
    ts->capacity = 10;
}
void expandTicketSystem(TicketSystem* ts)                    //扩容
{
    ts->data = (Ticket*)realloc(ts->data, sizeof(Ticket) * (ts->capacity + 10));
    ts->capacity += 10;
}
void addTicket(TicketSystem* ts, char* name, char* time, char* type, int price)
                          //增加电影票信息
{
    if (ts->count == ts->capacity)
        expandTicketSystem(ts);
```

```
    Ticket* ticket = &(ts->data[ts->count]);
    strcpy(ticket->name, name);
    strcpy(ticket->time, time);
    strcpy(ticket->type, type);
    ticket->price = price;
    ts->count++;
}
void deleteTicket(TicketSystem* ts, char* name)    //删除电影票信息
{
    int i;
    for (i = 0; i < ts->count; i++)
    {
        if (strcmp(ts->data[i].name, name) == 0 )
            break;
        }
    }
    if (i < ts->count)
    {
        for ( ; i < ts->count - 1; i++)
        {
            ts->data[i] = ts->data[i + 1];
        }
        ts->count--;
    }
}
void findTicket(TicketSystem* ts, char* name)    //根据电影名称查询电影票
{
    int i;
    for (i = 0; i < ts->count; i++)
    {
        if (strcmp(ts->data[i].name, name) == 0)
        {
            break;
        }
    }
    if (i < ts->count)
```

```
        {
        cout<<"您查询的电影上映时间为:"<<ts->data[i].time<<endl;
        cout<<"电影类型为:"<< ts->data[i].type<<endl;
        cout<<"价格:"<<ts->data[i].price<<endl;
        } else {
            cout<<"未找到相关电影票"<<endl;
        }
    }
    void selectTicket(TicketSystem* ts, char* typeOrTime)
    //根据电影类型或上映时间筛选电影票
    {
        int i,num=0;
        for(i=0;i<ts->count;i++)
        {
            if(strcmp(ts->data[i].type,typeOrTime)==0||strcmp(ts->data[i].time,
typeOrTime)==0)
            {
                if (num==0)
                {
                    cout<<"符合要求的电影如下:"<<endl<<ts->data[i].name
<<endl;
                    num=num+1;
                    }else{
                    cout<<ts->data[i].name<<endl;
                    }
            }
        }if(num==0)
            cout<<"未找到相关电影票"<<endl;
    }
    void printTicketSystem(TicketSystem* ts) //输出电影票售卖记录
    {
        cout<<endl<<"电影名称"<<"    "<<"电影类型"<<"    "<<"上映时间"
<<"    "<<"价格"<<endl;
        cout<<"--------------------------------"<<endl;
        for (int i = 0; i < ts->count; i++)
        {
```

```
            cout<<ts->data[i].name<<"    "<<ts->data[i].type<<"    "<<ts->data[i].time<<"    "<<ts->data[i].price<<endl;
        }
    }
    int main() {
        TicketSystem ts;
        char name[50], type[50], time[50];
        int price, choice;
        initTicketSystem(&ts);
        while (1) {
            cout<<endl<<"请选择操作:"<<endl;
            cout<<"1. 新增电影票"<<endl;
            cout<<"2. 删除电影票"<<endl;
            cout<<"3. 查询电影票"<<endl;
            cout<<"4. 选择电影票"<<endl;
            cout<<"5. 现存的电影票"<<endl;
            cout<<"6. 退出"<<endl;
            cout<<"选择操作:";
            cin>>choice;
            if (choice == 1) {
                cout<<"请输入电影名称:";
                cin>>name;
                cout<<"请输入电影类型:";
                cin>>type;
                cout<<"请输入电影上映时间:";
                cin>>time;
                cout<<"请输入电影票价格:";
                cin>>price;
                addTicket(&ts, name, time, type, price);
            } else if (choice == 2) {
                cout<<"请输入电影名称:";
                cin>>name;
                deleteTicket(&ts, name);
            } else if (choice == 3) {
                cout<<"请输入电影名称:";
                cin>>name;
```

```
            findTicket(&ts, name);
        } else if (choice == 4) {
            cout<<"请输入电影类型或上映时间:";
            cin>>type;
            selectTicket(&ts, type);
        } else if (choice == 5) {
            printTicketSystem(&ts);
        } else if (choice == 6) {
            break;
        } else {
            cout<<"输入错误,请重新选择! "<<endl;
        }
    }
    free(ts.data);
    return 0;
}
```

2.15 智慧快递派送

题目描述

随着生活水平的提升和消费观念的转变,人们的消费需求从衣食住行逐步扩展到文娱休闲、智能设备、健康养生等领域,并呈现差异化、个性化、多样化发展,从而催生出更加丰富、多元的新业态、新模式、新场景。“双十一”是我国每年一度最热闹的线上购物狂欢节,越来越多的商家进行线上销售,有助于激发电商生态活力、释放消费潜力,进一步促进消费产业结构转型升级,构建更有利于我国数字经济建设的多元消费生态体系。

数据显示2023年“双十一”期间,全国邮政快递企业共揽收快递包裹52.64亿件,同比增长23.22%,日均业务量是平日业务量的1.4倍。校园快递智慧服务中心的快递也呈现爆满状态,为了高效管理派送顺序,请设计一个程序模拟“双十一”快递派送的循环双链表。

输出样例

• 快递订单列表如下:

Order Number: 1001

Recipient: 张三

Address: 计算机学院L楼

Order Number：1002
Recipient：李四
Address：逸夫图书馆
Order Number：1003
Recipient：王五
Address：学生宿舍14号楼
订单号为1002的快递已删除。
• 快递订单列表如下：
Order Number：1001
Recipient：张三
Address：计算机学院L楼
Order Number：1003
Recipient：王五
Address：学生宿舍14号楼
为您找到如下快递：
Order Number：1003
Recipient：王五
Address：学生宿舍14号楼
抱歉，未找到订单号为1004的快递。

解题思路

(1) 定义结构体Express，包含快递订单号、收件人姓名和收件地址三个字段。

(2) 定义结构体ListNode，包含一个Express字段，一个指向前一个结点的指针prev和一个指向后一个结点的指针next。

(3) 初始化快递派送系统时，使用initList函数，创建头结点并将其prev和next指针均指向自身形成循环链表。

(4) 添加快递订单时，使用addExpress函数，创建新结点，填充快递订单信息，并将其插入循环链表尾部。

(5) 根据订单号删除快递订单时，使用deleteExpress函数，遍历链表，找到对应订单号的结点并删除。

(6) 显示所有快递订单时，使用displayExpresses函数，遍历链表，依次打印每个快递订单的信息。

(7) 按订单号查询快递订单时，使用findExpress函数，遍历链表，找到对应订单号的结点并打印快递订单信息。

(8) 使用主函数初始化链表，执行添加、删除、查询操作，并打印结果。

参考代码

```
#include <iostream>
#include <stdio.h>
#include <stdlib.h>
#include <string.h>
using namespace std;
typedef struct {                    //定义结构体 Express
    int orderNum;
    char recipient[50];
    char address[100];
}Express;                           //包含快递订单号、收件人姓名和收件地址
typedef struct ListNode {
    Express express;                //数据域,存放快递信息
    struct ListNode* prev;          //指针域,指向前一结点的指针 prev
    struct ListNode* next;          //指针域,指向后一结点的指针 next
}ListNode;                          //定义循环双链表结构体 ListNode
ListNode* initList()                //初始化快递派送系统
{
    ListNode* head = new ListNode;
    head->prev = head;
    head->next = head;
    return head;
}
void addExpress(ListNode* head, int orderNum, char* recipient, char* address)
                                                    //添加新的快递订单
{
    ListNode* newNode = new ListNode;               //生成新的结点
    newNode->express.orderNum = orderNum; //对结点数据域进行赋值
    strcpy(newNode->express.recipient, recipient);
    strcpy(newNode->express.address, address);
    newNode->prev = head->prev;                     //对结点指针域赋值
    newNode->next = head;
    head->prev->next = newNode;
    head->prev = newNode;
}
```

```
void deleteExpress(ListNode* head, int orderNum) //根据快递单号删除指定的快递订单
{
    ListNode* p = head->next;
    while (p ! = head)
    {
        if (p->express. orderNum == orderNum)
        {
            p->prev->next = p->next;
            p->next->prev = p->prev;
            free(p);
            cout<<endl<<"订单号为"<<orderNum<<"的快递已删除."<<
endl;
            return;
        }
        p = p->next;
    }
    cout<<endl<<"抱歉,未找到订单号为"<<orderNum<<"的快递."<<endl;
}
void displayExpresses(ListNode* head)    //打印当前的快递订单列表
{
    cout<<endl<<"快递订单列表如下:"<<endl;
    ListNode* p = head->next;
    while (p ! = head)
    {
        cout<<p->express. orderNum<<" "<<p->express. recipient<<" "<
<p->express. address<<endl;
        p = p->next;
    }
}
void findExpress(ListNode* head, int orderNum)
//订单号查找并打印指定快递订单信息
{
    ListNode* p = head->next;
    while (p ! = head)
    {
        if (p->express. orderNum == orderNum)
```

```
            {
                cout<<endl<<"为您找到如下快递:"<<endl;
                cout<<p->express. orderNum<<" "<<p->express. recipient<<
" "<<p->express. address<<endl;
                return;
            }
        p = p->next;
    }
    cout<<endl<<"抱歉,未找到订单号为"<<orderNum<<"的快递."<<endl;
}
int main()
{
    ListNode* head = initList();
    addExpress(head, 1001, "张三", "计算机学院L楼");
    addExpress(head, 1002, "李四", "逸夫图书馆");
    addExpress(head, 1003, "王五", "学生宿舍14号楼");
    displayExpresses(head);
    deleteExpress(head, 1002);
    displayExpresses(head);
    findExpress(head, 1003);
    findExpress(head, 1004);
    return 0;
}
```

2.16 阳光图书角

题目描述

长期以来,我国城市与乡村的阅读资源分布相当不均衡,城市里司空见惯的课外图书却是乡村孩子们的“奢侈品”。2018年中西部贫困地区儿童阅读调研数据显示,超过36%的西部乡村儿童很难接触到真正的课外书,他们一年的课外阅读量不到3本,近20%的乡村儿童家里连一本课外书也没有。

为了让生活在同一片蓝天下的孩子们能共读同一本书,共享人类精神文化财富,使城市和山区的同龄孩子切身体会到关爱与互助,计算机与信息学院组织了“阳光捐书,助力教育扶贫活动”,将捐赠的图书存在乡村设立的“阳光图书角”。请设计一个简单的图书管理系统,对“阳光图书角”的图书进行管理,实现简单的查询、借书和还书功能。

输入样例

```
addBook(head, 1001, "安徒生童话", "张三");
addBook(head, 1002, "伊索寓言", "李四");
addBook(head, 1003, "绿野仙踪", "王五");
addBook(head, 1004, "爱丽丝漫游奇境", "王五");
displayBook(head);
borrowBook(head, "绿野仙踪");
borrowBook(head, "安徒生童话");
displayBook(head);
borrowBook(head, "绿野仙踪");
```

输出样例

```
• 现存的图书有以下几本:
id: 1001
name: 安徒生童话
donator: 张三
id: 1002
name: 伊索寓言
donator: 李四
id: 1003
name: 绿野仙踪
donator: 王五
id: 1004
name: 爱丽丝漫游奇境
donator: 王五

书名为 绿野仙踪 的图书已被借出。

书名为 安徒生童话 的图书已被借出。

• 现存的图书有以下几本:
id: 1002
name: 伊索寓言
donator: 李四
id: 1004
```

name：爱丽丝漫游奇境
donator：王五

未找到您需要的图书，请尝试借阅其他图书吧！

解题思路

(1) 定义结构体Book，包含图书的书号、名称和捐赠者三个字段。

(2) 定义结构体 ListNode，包含一个 Book 字段，一个指向前一个结点的指针 prev 和一个指向后一个结点的指针 next。

(3) 初始化图书管理系统时，使用initList函数，创建头结点并将其prev和next指针均指向自身形成循环链表。

(4) 添加图书时，使用addBook函数，增加图书信息，并将其插入循环链表尾部。

(5) 根据书名借书时，使用borrowBook函数，找到对应的结点并从系统中删除。

(6) 显示现存图书时，使用displayBook函数，遍历链表，依次打印每本图书的信息。

(7) 使用主函数初始化链表，执行添加、删除、查询操作，并打印结果。

参考代码

```
#include <iostream>
#include <stdio.h>
#include <stdlib.h>
#include <string.h>
using namespace std;
typedef struct {                          //定义结构体图书
    int id;
    char name[30];
    char donator[30];
}Book;                                    //包括图书的书号、名称和捐赠者信息
typedef struct ListNode {
    Book book;                            //数据域，存放图书信息
    struct ListNode* prev;                //指针域，指向前一结点的指针prev
    struct ListNode* next;                //指针域，指向后一结点的指针next
}ListNode;                                //创建双向链表
ListNode* initList()                      //初始化
{
    ListNode* head = new ListNode;        //用new函数自动分配空间
    head->prev = head;
    head->next = head;
```

```
        return head;
    }
    void addBook(ListNode* head, int id, char* name, char* donator) //添加新书信息
    {
        ListNode* newNode = (ListNode*)ListNode*new Node=new ListNode;(sizeof
(ListNode));                                            //生成新的结点
        newNode->book.id = id;                          //对结点数据域进行赋值
        strcpy(newNode->book.name, name);
        strcpy(newNode->book.donator, donator);
        newNode->prev = head->prev;                     //对结点指针域赋值
        newNode->next = head;
        head->prev->next = newNode;
        head->prev = newNode;
    }
    void borrowBook(ListNode* head, char* name)         //根据书名借书
    {
        ListNode* p = head->next;
        while (p ! = head)
        {
            if (strcmp(p->book.name,name)==0)
            {
                p->prev->next = p->next;
                p->next->prev = p->prev;
                free(p);
                cout<<endl<<"书名为"<<name<<"的图书已被借出."<<endl;
                return;
            }
            p = p->next;
        }
        cout<<endl<<"未找到您需要的图书,请试试借阅其他图书吧!"<<endl;
    }
    void displayBook(ListNode* head)                    //展示现存的图书
    {
        cout<<endl<<"现存的图书有以下几本:";
        ListNode* p = head->next;
        while (p ! = head)
```

```
        {
            cout<<endl<<p->book.id<<"  "<<p->book.name<<"  "<<
p->book.donator;
            p = p->next;
        }
        cout<<endl;
    }
    int main()
    {
        ListNode* head = initList();
        addBook(head, 1001, "安徒生童话", "张三");
        addBook(head, 1002, "伊索寓言", "李四");
        addBook(head, 1003, "绿野仙踪", "王五");
        addBook(head, 1004, "爱丽丝漫游奇境", "王五");
        displayBook(head);
        borrowBook(head, "绿野仙踪");
        borrowBook(head, "安徒生童话");
        displayBook(head);
        borrowBook(head, "绿野仙踪");
        return 0;
    }
```

第3章 栈和队列

《盗梦空间》是一部非常著名的科幻电影，它讲述了一群梦境盗贼通过进入人们的潜意识盗取机密信息。这部电影创造了一种独特的概念——多层梦境。这个概念不仅为观众带来了视觉上的震撼，也为影片的剧情增添了深度和复杂性。在这个多层梦境的设定中，主角们可以进入并探索不同的梦境层次，每一层梦境都有其独特的规则和挑战。如何从这个复杂的多层梦境中返回现实呢？每一层梦境都有其特定的出口，通过出口只能返回上一层梦境。

《盗梦空间》的设定和数据结构中的递归算法和栈的后进先出思想不谋而合。我们需要定义一个函数来模拟进入梦境的过程。当进入每一层梦境时，就是调用一次函数，为了让进入下一层梦境后还能返回当前位置，我们需要借助一个递归工作栈，将当前的梦境状态作为参数压入当前的栈内；每进入一个更深层次的梦境，就会不断往当前的栈顶元素上压入一个新的梦境状态；每退出一个梦境，只能从当前的栈顶取出一个梦境状态，并返回到上一层梦境的位置，直到最终回到现实。

思维导图

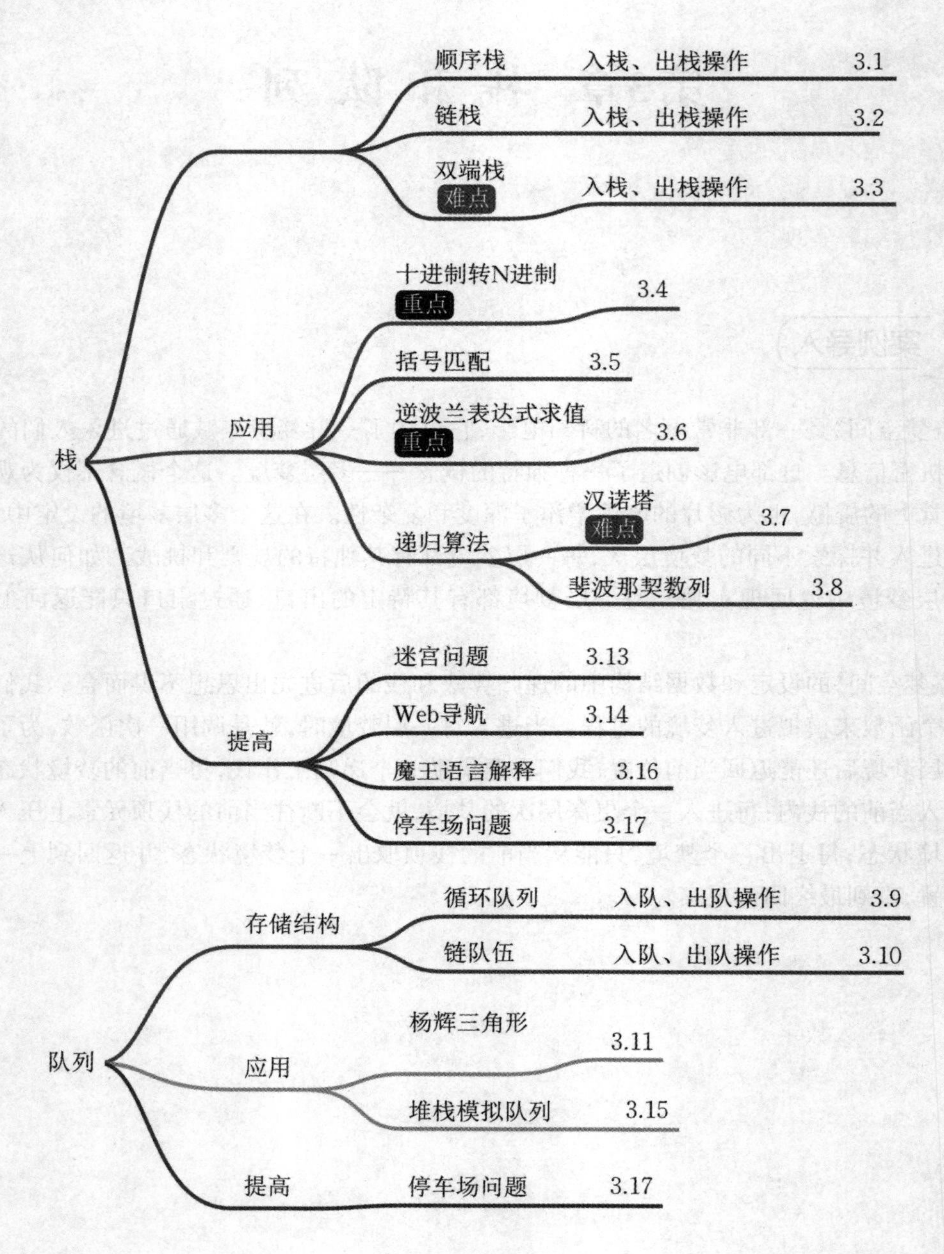
栈
应用
顺序栈
入栈、出栈操作
3.1
链栈
入栈、出栈操作
3.2
双端栈
难点
入栈、出栈操作
3.3
十进制转N进制
重点
3.4
括号匹配
3.5
逆波兰表达式求值
重点
3.6
递归算法
汉诺塔
难点
3.7
斐波那契数列
3.8
提高
迷宫问题
3.13
Web导航
3.14
魔王语言解释
3.16
停车场问题
3.17
队列
存储结构
循环队列
入队、出队操作
3.9
链队伍
入队、出队操作
3.10
应用
杨辉三角形
3.11
堆栈模拟队列
3.15
提高
停车场问题
3.17

教学目的和教学要求

1. 掌握栈和队列的基本概念、特点和应用场景。

2. 熟练掌握栈和队列的顺序存储和链式存储的基本操作。

3. 理解栈和队列的后进先出(LIFO)和先进先出(FIFO)的特性,并能够根据实际问题选择合适的数据结构。

4. 通过编程实现栈和队列的操作,提高编程能力和逻辑思维能力。

5. 掌握递归算法的基本原理,能够根据实际问题设计可行的递归模型。

基础篇

3.1　栈的基本操作

题目描述

实现一个栈,栈初始为空,支持四种操作:

(1) push x —— 向栈顶插入一个数x。

(2) pop —— 从栈顶弹出一个数。

(3) empty —— 判断栈是否为空。

(4) query —— 查询栈顶元素。

现在要对栈进行M个操作,其中的每个操作3和操作4都要输出相应的结果。

输入格式

第一行输入数字,代表操作的个数。接下来的每行输入四种操作中的一种。

输出格式

对于每个empty和query操作都要输出一个查询结果,每个结果占一行。

其中,empty操作的查询结果为YES或NO,query操作的查询结果为一个整数,表示栈顶元素的值。

输入样例

在这里给出一组输入。例如:

10

push 5

query

push 6
pop
query
pop
empty
push 4
query
empty

输出样例

在这里给出相应的输出。例如:

5
5
YES
4
NO

解题思路

用数组实现堆栈的操作。

参考代码

略。

3.2 逆转魔法

题目描述

小明是一个魔法学徒,他正在学习使用栈来处理魔法咒语。他发现一种特殊类型的咒语,被称为“逆转咒语”。逆转咒语是指将一个字符串中的内容逆序排列的咒语。

小明想要设计一个程序,使用栈来实现逆转咒语的操作。

具体要求如下:

编写一个函数 Reverse,该函数接受一个字符串作为输入,并使用栈来逆转字符串中的内容,不返回任何值。

创建一个栈,将字符串中的每个字符依次压入栈中。

弹出栈中的每个字符,并按照弹出顺序构造一个逆序的字符串。

输入格式

输入一个字符串。

输出格式

输出逆序后的字符串。

输入样例

Hello World!

输出样例

! dlroW ,olleH

解题思路

这道题可以用链栈来实现。链栈的输出顺序和入栈顺序正好是相反的,可以借助链栈来实现逆转魔法。

首先应当实现链栈的基本操作函数,包括初始化操作 InitStack,判空操作 StackEmpty,入栈操作 Push 和出栈操作 Pop 等。入栈操作即在链栈的头结点之后插入一个新结点,如图3.1所示;出栈操作即将链栈的首元结点删除。再定义一个函数 PrintStack,该函数将链栈中的内容按栈顶元素到栈底元素的顺序进行打印。

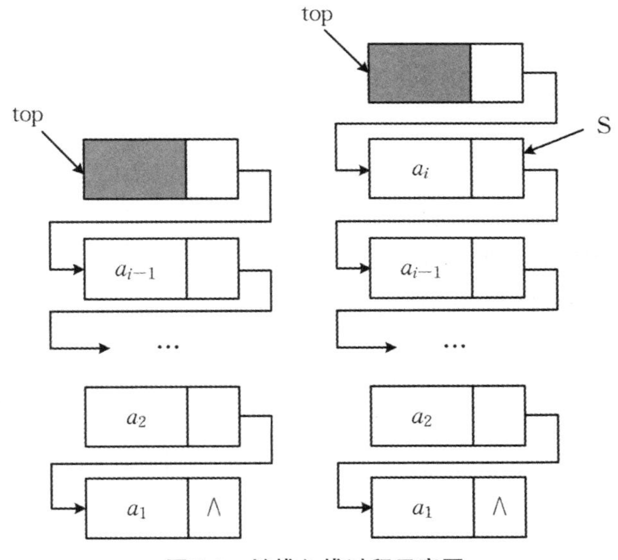

图3.1 链栈入栈过程示意图

在主函数中,依次读取字符串中的每个字符,并将其入栈;栈内元素的顺序和读入顺序正好相反;再调用 PrintStack 函数从栈顶元素顺藤摸瓜,依次输出逆序后的字符串。

参考代码

```
#include <iostream>
typedef char DataType;
using namespace std;
// 定义链栈结点
```

```
typedef struct Node {
    DataType data;
    struct Node* next;
}StackNode, *LinkStack;
int InitStack(LinkStack &top)
{
    top=new StackNode;
    if(top == NULL) return false;          /*申请空间失败*/
    top->next=NULL;
    return true;
}
void DestroyStack(LinkStack &top) {
    StackNode *s = top->next;
    while (s != NULL) {
        StackNode *temp = s;
        s = s->next;
        free(temp);
    }
    top = NULL;
}
int Push(LinkStack &top, DataType x)
/*将数据元素 x 压入链栈 top 中*/
{
    StackNode* s;
    s=new StackNode;
    if(s == NULL) return false;            /*申请空间失败*/
    s->data=x;
    s->next=top->next;
    top->next=s;                           /*修改当前栈顶指针*/
    return true;
}
int Pop(LinkStack top, DataType &x)
{ /*将栈 top 的栈顶元素弹出,放到 x 中*/
    StackNode * s;
    s=top->next;
    if(s == NULL)                          /*栈为空*/
```

```
        return false;
    x=s->data;
    top->next=s->next;
    delete s; /*释放存储空间*/
    return true;
}
int StackEmpty(LinkStack top)
{
    if (top->next == NULL)
        return true;
    else
        return false;
}
void PrintStack(LinkStack top) {
    while(top->next) {
        cout<<top->next->data;
        top=top->next;
    }
    cout<<endl;
}
int main() {
    LinkStack top=NULL;
    InitStack(top);
    char a[50];
    cin.getline(a,sizeof(a));
    for (int i = 0; a[i] != '\0'; i++ )
        Push(top, a[i]);
    PrintStack(top);
    return 0;
}
```

3.3　实现双端栈的基本操作

题目描述

完成如下代码填空题,实现双端栈的基本操作。双端栈的原理是:利用栈只能在栈顶端进行操作的特性,将两个栈的栈底分别设在数组的头和尾,两个栈的栈顶在数组中动态变化,栈0元素比较多时就占用比较多的存储单元,元素少时就让出存储单元供栈1使用,提高了数组的利用率。

解题思路

用图3.2可以清晰看出双端栈的结构:栈0的底固定在下标为0的一端;栈1的底固定在下标为$M-1$的一端。top[0]和top[1]分别为栈1和栈2的栈顶指示器;M为整个栈空间的大小。

特别要注意的是,双端栈栈满的条件是什么。

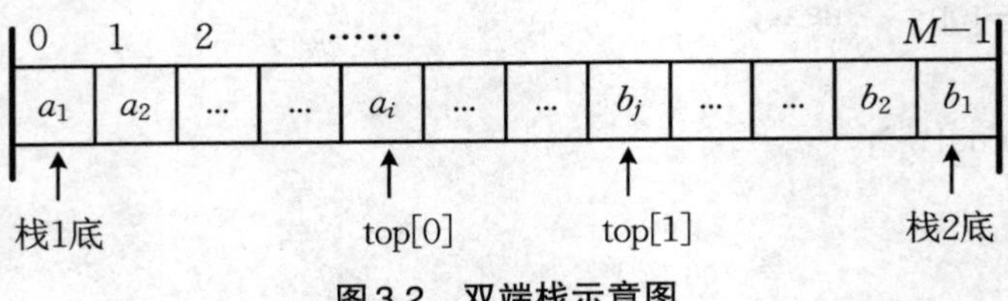

图3.2　双端栈示意图

参考代码

```
#define M 100
typedef struct
{
    DataType Stack[M];
    int top[2];    /*top[0]和 top[1]分别为两个栈顶指示器*/
}DqStack;
void InitStack(DqStack &S)
{
    S.top[0]=-1;
    S.top[1]=M;
}
int Push(DqStack &S, DataType x, int i)
{                    /*把数据元素 x 压入 i 号堆栈*/
```

```
    if(   ①    )                        /*栈已满*/
    return false;
    switch(i)
    {
        case 0: /*0 号栈*/
        S.top[0]++;
        (   ②   );
        break;
        case 1:                         /*1 号栈*/
            S.top[1]--;
            S.Stack[S.top[1]]=x;
        break;
        default:                        /*参数错误*/
        return false;
    }
    return true;
}
int Pop(DqStack &S, DataType &x, int i)
{                                       /*从i号堆栈中弹出栈顶元素并送到x中*/
    switch(i)
    {
    case 0:                             /*0号栈出栈*/
        if(S.top[0] == -1) return false;   /*0号栈空栈*/
        x=S.Stack[S.top[0]];
        S.top[0]--;
        break;
    case 1: /*1号栈出栈*/
        if(    ③    ) return false;       /*1号栈空栈*/
        (    ④    );
        S.top[1]++;
        break;
    default:
        return false;
    }
    return true;
}
```

参考答案

① S. top[0]+1 == S. top[1]

② S. Stack[S. top[0]]=x

③ S. top[1] == M

④ x=S. Stack[S. top[1]]

3.4 十进制转N进制

题目描述

完成如下代码填空题,将十进制非负整数N转换成R进制数(R进制的数有0,1,2,…,$R-1$共R个数字,逢R进1)。其中,$1000000>=M>=0$,$16>=R>=2$。十六进制中A~F用大写字母表示。输入两个整数N(十进制整数N)和R(R进制),中间用空格隔开。

输入格式

输入两个数字,分别代表非负整数N与R进制数的R,中间用空格隔开。

输出格式

输出用R进制数表示的结果。

输入样例1

123 2

输出样例1

1111011

输入样例2

123 16

输出样例2

7B

解题思路

十进制转N进制的算法可以通过以下步骤实现:首先,将给定的十进制数除以N,得到商和余数。然后,将余数转换为相应的N进制数字。接着,将商作为新的十进制数,重复上述步骤,直到商为0为止。最后,将所有得到的N进制数字按照倒序排列,即得到了最终的N进制数。如图3.3所示,十进制数13转二进制后为1101。

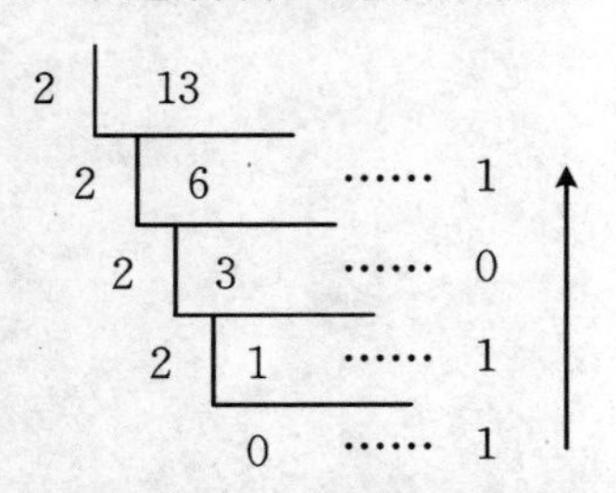

图3.3 十进制转二进制算法步骤

需要注意的是,在十六进制中,十进制的0~9对应0~

9,而十进制的10～15则对应A～F。

参考代码

```
#include <iostream>
#include <stack>
using namespace std;
#define STACKSIZE 20            //栈的最大空间设为20
void convertion(int D, int N)
{
    stack <int>st;
    int x,y=N;
    int e;
    do{
        x = (    ①    );
        y = (    ②    );
        if(x<=9)
        st. push('0'+x);
        else
        (    ③    );
    }while(y);
    while(    ④    )
    {
        st. pop();
        e = st. top();
        cout<<e;
    }
}
int main()
{
    int N=0,R=0;
    cin>>N>>R;
    convertion(N,R);
    return 0;
}
```

参考答案

略。

3.5　括号匹配游戏

题目描述

括号匹配游戏是一个小游戏,玩家需要根据给定的字符串表达式,判断其中的括号是否匹配,要求实现一个函数,返回括号是否匹配的结果。

输入格式

输入一个括号序列。

输出格式

判断这个括号序列是否匹配,匹配则输出YES,不匹配则输出NO。

输入样例

((()))

((()

输出样例

Yes

NO

解题思路

(1) 创建一个栈,用于存储左括号。

(2) 遍历字符串的每个字符:

① 如果是左括号,则将其入栈;

② 如果是右括号,则判断栈是否为空,如果为空返回NO;

③ 如果栈不为空,则将栈顶的左括号出栈。

(3) 最后判断栈是否为空,如果为空返回YES,否则返回NO。

参考代码

```
#include <iostream>
#include <stack>
#include <string>

#define MAX_LEN 100

using namespace std;
```

```
int isBracketMatching(string expression) {
    stack<char> stack;
    int len = expression.length();
    for (int i = 0; i < len; i++)
    {
        if (expression[i] == '(')
            stack.push('(');
        else if (expression[i] == ')')
        {
        if (stack.empty())
            return 0; // NO
        stack.pop();
        }
    }

    if (stack.empty())
        return 1; // YES
    else
        return 0; // NO
}

int main() {
    string expression;
    //cout << "请输入表达式:";
    getline(cin, expression);
    //cout << "括号匹配结果: "
    cout<<(isBracketMatching(expression) ? "YES" : "NO") << endl;
    return 0;
}
```

3.6 逆波兰表达式求值

题目描述

逆波兰表示法是一种将运算符(operator)写在操作数(operand)后面的描述程序(算式)

的方法。举个例子,我们平常用中缀表示法描述的算式(3 + 2)*(15 − 9),改为逆波兰表示法之后则是3 2 + 15 9 − *。相较于中缀表示法,逆波兰表示法的优势在于不需要括号,按运算符出现的顺序从左向右进行计算即可得到最终结果。

请输出以逆波兰表示法输入的算式的计算结果。

输入格式

在一行中输入1个算式。相邻的符号(操作数或运算符)用1个空格隔开。

输出格式

在一行中输出计算结果。

限制:

后缀表达式总长度不超过100;

运算符仅包括"+""−""*""/",操作数、计算过程中的值以及最终的计算结果均在int范围内。

输入样例1

4 3 + 2 −

输出样例1

5

输入样例2:

1 2 + 3 4 − *

输出样例2

−3

解题思路1

(1) 扫描表达式,如果是数直接入栈(注意:数字可能是大于10的)。

(2) 如果是运算符,从栈中弹出两个数进行运算(注意两个数的先后关系),然后将结果入栈。

(3) 最后栈中剩余的一个值即为表达式的值。

参考代码1

```
#include <iostream>
#include <stdlib.h>
#define STACKSIZE 100
typedef int DataType;
using namespace std;
typedef struct{
    DataType data[STACKSIZE];
    int top;
}Stack;
```

```
typedef struct{
    char ch[STACKSIZE];
    int length;
}SString;
void StrAssign ( SString &S, char cs[] )
{
    int i;
    for ( i = 0; cs[i] ! = '\0'; i++ )
        S. ch[i] = cs[i];
    S. length = i;
}
void InitStack(Stack &S)            //初始化栈
{
    S. top=-1;
}
void ClearStack(Stack &S)
{
    S. top=-1;
}
static void DeleteStack(Stack &S)
{
    S. top=-1;
}
bool StackEmpty(Stack &S)
{
    return S. top==-1;
}
int GetTop(Stack &S, DataType &x)
{                               /*将栈S的栈顶元素弹出,放到x中,但栈顶指针保持不变*/
    if(S. top == -1)            /*栈为空*/
        return false;
    else
    {
        x=S. data[S. top];
        return true;
    }
```

```
}
int Push(Stack &S, DataType x)
{                                     /*将 x 置入栈 S,作为新栈顶*/
    if(S.top == STACKSIZE - 1)        /*栈已满*/
        return false;
    else
    {
        S.top++;
        S.data[S.top]=x;
        return true;
    }
}
int Pop(Stack &S, DataType &x)
{                                     /*将栈 S 的栈顶元素弹出,放到 x 中*/
    if(S.top == -1)                   /*栈为空*/
        return false;
    else
    {
        x= S.data[S.top];
        S.top--;                      /*修改栈顶指针*/
        return true;
    }
}
int EvaluateRPN(SString SS, DataType &num)
{
    Stack S;
    InitStack(S);
    int i = 0;
    num = 0;
    while (i<SS.length) {
        if (isdigit(SS.ch[i])){
            num=0;
            while (isdigit(SS.ch[i]) && i < SS.length)
                num = num * 10 + (SS.ch[i++] - '0');
            Push(S, num);
        }
```

```
            if(! isdigit(SS.ch[i])) {
            DataType top, val;
            if(StackEmpty(S))
                return -1;
            if(SS.ch[i]! ='') {
            Pop(S, top);
            Pop(S, val);
            switch (SS.ch[i]) {
                case '+':
                    Push(S, val+top);
                    break;
                case '-':
                    Push(S, val-top);
                    break;
                case '*':
                    Push(S, val*top);
                    break;
                case '/':
                    Push(S, val/top);
                    break;
                }
            }
            i++;
            }
        }
        Pop(S, num);
        return 0;
}
int main()
{
        char a[50];
        DataType b=0;
        cin.getline(a,sizeof(a));
        SString S;
        StrAssign(S,a);
        EvaluateRPN(S,b);
```

```
    cout<<b<<endl;
    return 0;
}
```

解题思路2

C++的标准模板库(STL)是一个强大的工具,它提供了一系列标准化的模板类和函数,使得程序员可以更加方便地操作数据结构和算法。在STL中,有一个非常重要的组成部分就是容器(containers)。

C++STL中的stack是一种提供LIFO行为的标准容器,也就是栈结构,因此对于需要用栈进行处理的序列来说,使用stack容器适配器也是一种好的选择。为了严格遵循栈的后进先出原则,stack不提供任何元素的迭代器操作,因此,stack容器不会向外部提供任何可用的前向或反向迭代器类型。stack 容器可以提供的操作如下:

- top():返回一个栈顶元素的引用,类型为 T&。如果栈为空,返回值未定义。
- push(const T& obj):可以将对象副本压入栈顶。这是通过调用底层容器的 push_back() 函数完成的。
- push(T&& obj):以移动对象的方式将对象压入栈顶。这是通过调用底层容器的有右值引用参数的 push_back() 函数完成的。
- pop():弹出栈顶元素。
- size():返回栈中元素的个数。
- empty():在栈中没有元素的情况下返回true。
- emplace():用传入的参数调用构造函数,在栈顶生成对象。
- swap(stack & other_stack):将当前栈中的元素和参数中的元素交换。参数所包含元素的类型必须和当前栈的相同。对于stack对象有一个特例化的全局函数swap()可以使用。

参考代码2

```
#include <iostream>
#include <stdlib.h>
#include <stack>
using namespace std;
typedef int DataType;
int EvaluateRPN(char* ch, DataType &num){
    stack<DataType> s;
    int i = 0, len = 0;
    num = 0;
    while(ch[i++]! ='\0')
        len++;
    i=0;
```

```
while (i<len) {
    if (isdigit(ch[i])){
        num=0;
        while (isdigit(ch[i]) && i < len)
            num = num * 10 + (ch[i++] - '0');
        s. push(num);
        int tt=0;
    }
    if(! isdigit(ch[i])) {
        DataType top, val;
    if (s. empty())
        return -1;
    if(ch[i]! ='')
    {
        top=s. top();
        s. pop();
        val=s. top();
        s. pop();
        switch (ch[i]) {
            case '+':
                s. push(val+top);
                break;
            case '-':
                s. push(val-top);
                break;
            case '*':
                s. push(val*top);
                break;
            case '/':
                s. push(val/top);
                break;
            }
        }
        i++;
}
num=s. top();
```

```
    s.pop();
    return 0;
}
int main(){
    char a[50];
    DataType b=0;
    cin.getline(a,sizeof(a));
    EvaluateRPN(a,b);
    cout<<b<<endl;
    return 0;
}
```

3.7 汉诺塔的移动次数

题目描述

相传在古印度圣庙中,有一种被称为汉诺塔(Hanoi)的游戏。该游戏设置在一块铜板装置上,装置上有三根宝石柱(编号A,B,C),在A柱上按自下而上、由大到小顺序放置若干金盘(图3.4)。

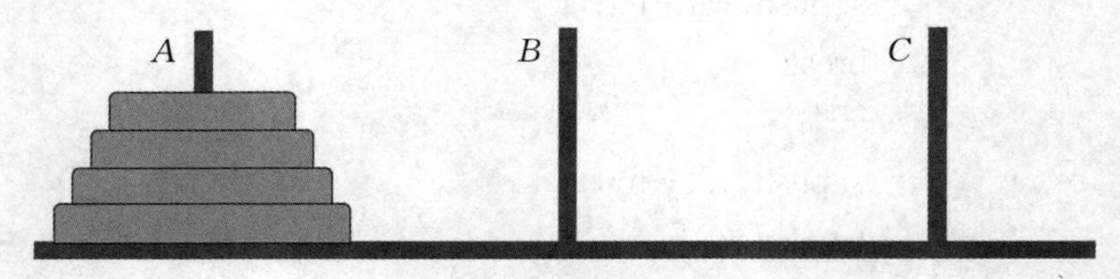

图3.4 汉诺塔初始图

游戏的目标:把A柱上的金盘全部移到C柱上,并仍保持原有顺序叠好。

操作规则:每次只能移动一个盘子,并且在移动的过程中三根杆上都始终保持大盘在下,小盘在上,操作过程中盘子可以置于A,B,C任一柱上。输入A柱上的盘子数N,输出总的移动次数。

输入格式

输入一个数字,代表输入的盘子数。

输出格式

输出一个数字,代表输出总的移动次数。

输入样例

2

输出样例

3

解题思路

最容易联想到的一种思路是增加一个全局变量step，在汉诺塔函数int Hanoi(char A, char B, char C)中，每个move函数调用的地方，让step加一。然而，由于移动步数太多，世界上最先进的电脑想跑完这个程序仍需要几百年。因此，我们必须换一个思路。

我们仔细分析一下汉诺塔移动的规律，主要分三个子步骤：先将$N-1$个盘子全挪到辅助柱上（图3.5），再将第N个盘子从起始柱移到终点柱上（图3.6），最后将$N-1$个盘子再从辅助柱移动到终点柱上（图3.7）。假设N个盘子的总移动次数为$F(N)$，那么第一个子步骤需要移动的总次数恰好是$F(N-1)$，第二个子步骤只要移动1次，第三个子步骤还需要再移动$F(N-1)$次。我们就找到了这个问题的递归体，也就是$F(N)=2F(N-1)+1$。那递归出口呢，只有一个盘子的时候只要移动一次，也就是$F(1)=1$。接下来需要考虑的就是整型的输出范围了，注意int的范围是$[-2^{31}, 2^{31}-1]$。

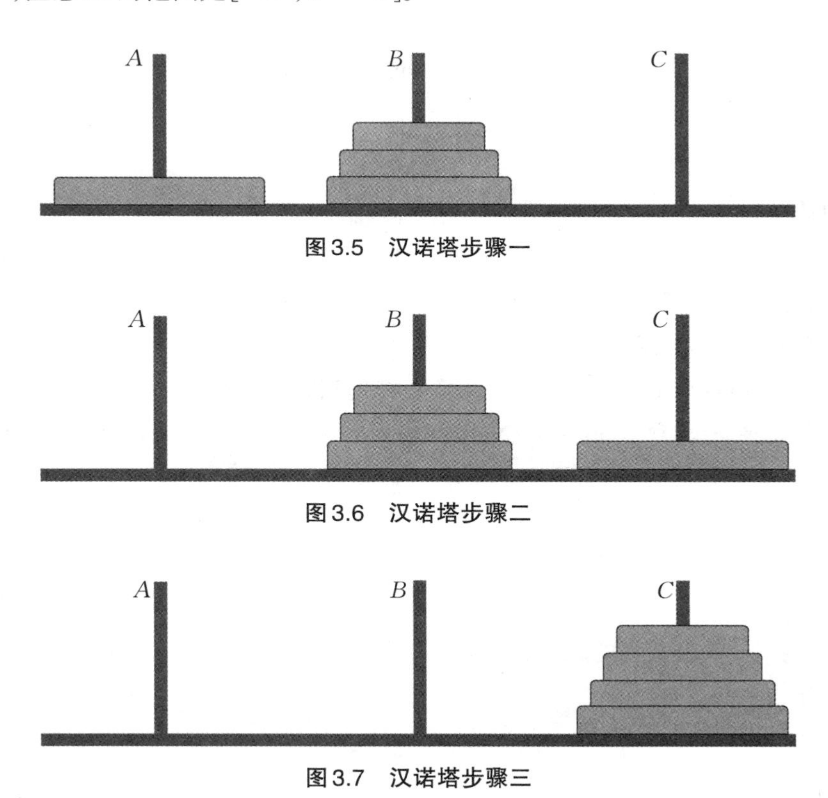

图3.5　汉诺塔步骤一

图3.6　汉诺塔步骤二

图3.7　汉诺塔步骤三

参考代码

```
#include <iostream>
using namespace std;
```

```
unsigned long long F(int n){
    if (n == 1)
        return 1;
    return F(n-1) * 2 + 1;
}

int main(){
    int n;
    cout << "请输入盘子数:";
    cin >> n;
    cout << "总移动次数:" << F(n) << std::endl;
    return 0;
}
```

3.8 蜜 蜂 爬 楼

题目描述

假设有一栋高楼,楼共有n层。现有一只蜜蜂想要从底层爬到最高层,每次只能向上爬一层或者向上爬两层。为了研究蜜蜂的能力,设计一个程序计算蜜蜂爬到第n层一共有多少种不同的爬法。具体要求如下:

编写一个递归函数countWays,用来计算蜜蜂爬到第n层的爬法数量。

编写一个非递归函数countWaysNonRecursive,将递归函数countWays转换为非递归算法。

输入格式

输入一个数字,代表蜜蜂爬到的层数。

输出格式

输出一个数字,代表蜜蜂的爬法数量。

输入样例

5

输出样例

8

解题思路

蜜蜂爬楼的思路图如图3.8所示。

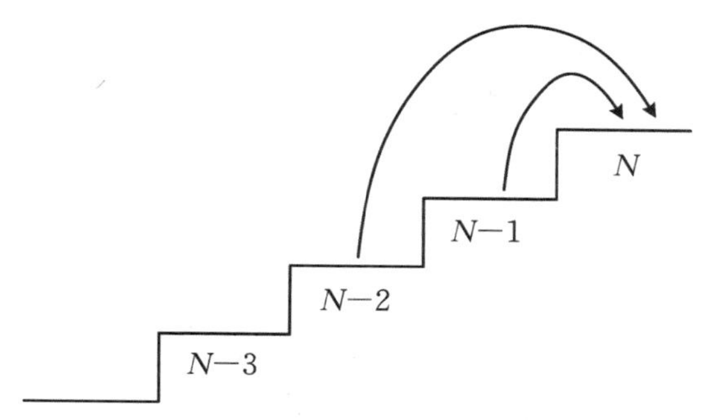

图3.8　爬楼思路图

（1）思路1——递归函数countWays：当$n=1$时，只有一种爬法；当$n=2$时，有两种爬法；对于其他的n，可以把问题划分为两个子问题，如图3.10所示：蜜蜂在第$n-1$层时，还剩下countWays($n-1$)种爬法；蜜蜂在第$n-2$层时，还剩下countWays($n-2$)种爬法。因此，蜜蜂在第n层的爬法数量等于countWays($n-1$)+countWays($n-2$)。

（2）思路2——非递归函数countWaysNonRecursive：使用动态规划，用一个数组dp来存储每一层的爬法数量，初始条件为dp[1]=1和dp[2]=2。从第3层开始，根据状态转移方程dp[i]=dp[$i-1$]+dp[$i-2$]，计算出每一层的爬法数量，最终得到dp[n]即为蜜蜂在第n层的爬法数量。

参考代码

```
#include <iostream>
using namespace std;
int countWays(int n) {
    if (n == 1)
        return 1;
    if (n == 2)
        return 2;
    return countWays(n - 1) + countWays(n - 2);
}

int countWaysNonRecursive(int n) {
    if (n == 1)
        return 1;
    if (n == 2)
        return 2;
    int dp[n+1];
    dp[1] = 1;
    dp[2] = 2;
```

```
    for (int i = 3; i <= n; i++) {
        dp[i] = dp[i - 1] + dp[i - 2];
    }
    return dp[n];
}

int main() {
    int n;
    cin>>n;
    //cout <<"递归算法:爬"<<n <<"层楼的方法总数有:";
    cout<< countWays(n)<< endl;
    //cout <<"非递归算法:爬"<<n <<"层楼的方法总数有:"
    cout<< countWaysNonRecursive(n)<< endl;
    return 0;
}
```

3.9 有趣的队列

题目描述

本题重新定义队列出队的操作:队首出队的数字重新在队尾入队。

例:队列中有1 2 3三个数字,现要求队首出队,则1从队首出队,同时1从队尾入队,队列变成2 3 1。

入队的顺序为1,2,3,4,…,n,同时给一个二进制字符串,1代表出队操作,0代表入队操作。

输入格式

在第一行有两个数字n,m(n<=100,n<m),其中n为入队的数字个数,m代表操作数。接下来m行,每行一个数字,1或者0,代表不同的操作。

输出格式

输出操作后队列的每个数字,数字间以空格分隔,最后一个数字后没有空格。

输入样例

5 8

0

0

1
0
1
0
1
0
输出样例
3 2 4 1 5

参考代码

```
#include <stdio.h>
typedef int DataType;
#define MAXSIZE 100                          /*队列的最大长度*/
typedef struct
{
    DataType data[MAXSIZE];                  /*队列的元素空间*/
    int front;                               /*头指针*/
    int rear ;                               /*尾指针*/
}CirQueue;
void InitQueue(CirQueue &Q)
{                                            /*将Q初始化为一个空的循环队列*/
    Q.front=Q.rear=0;
}
int InQueue(CirQueue &Q, DataType x)
{                                            /*将元素 x 入队*/
    if((Q.rear+1)%MAXSIZE==Q.front)          /*队列已经满了*/
        return false ;
    Q.data[Q.rear]=x;
    Q.rear=(Q.rear+1)%MAXSIZE;               /* 重新设置队尾指针 */
    return true ; /*操作成功*/
}
int DelQueue(CirQueue &Q, DataType &x)
{                                            /*删除队列的队头元素,用x返回其值*/
    if(Q.front==Q.rear)                      /*队列为空*/
        return false ;
    x=Q.data[Q.front];
```

```
    Q. front=(Q. front+1)%MAXSIZE;          /*重新设置队头指针*/
    return true;                            /*操作成功*/
}
int QueueFront(CirQueue Q, DataType &x)
{                                           /*返回队列的队头元素,用x返回其值*/
    if(Q. front==Q. rear)                   /*队列为空*/
        return false ;
    x=Q. data[Q. front];
    return true;                            /*操作成功*/
}
int QueueEmpty(CirQueue Q)
{                                           /*返回队列的队头元素,用x返回其值*/
    if(Q. front==Q. rear)                   /*队列为空*/
        return true;
    else
        return false;                       /*操作成功*/
}
int main()
{
    int  n, m, p, nn=1, tmp;
    CirQueue Q;
    InitQueue(Q);
    scanf("%d %d", &n,&m);
    for(int i=0;i<m;i++)
    {
        scanf("%d", &p);
        if(p==0)
        {
            InQueue(Q, nn++);
        }
        else if(p==1)
        {
            DelQueue(Q, tmp);
            InQueue(Q,tmp);
        }
    }
```

```
    while(! QueueEmpty(Q))
    {
        DelQueue(Q, tmp);
        if(! QueueEmpty(Q))
            printf("%d ",tmp);
        else
            printf("%d",tmp);
    }
    return 0;
}
```

3.10　循环单链表模拟实现队列

题目描述

带头结点的循环单链表如图3.9所示，请用该循环单链表模拟实现队列操作，编写函数，分别给出入队 EnQueue 和出队 DeQueue 过程，要求它们的时间复杂性都是 $O(1)$。

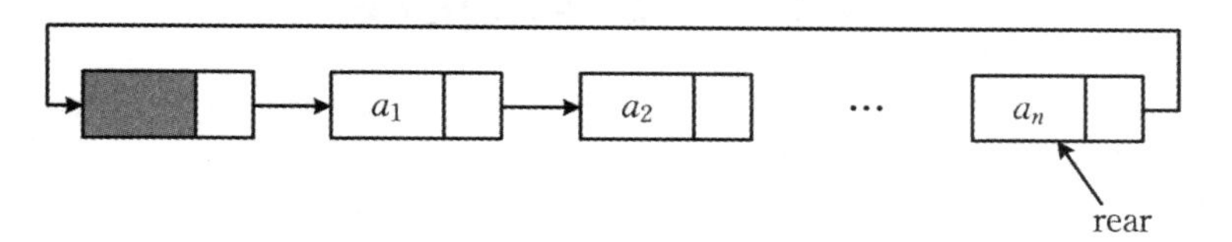

图3.9　循环单链表示意图

解题思路

利用循环单链表模拟入队操作的示意图如图3.10所示，入队也就是在循环单链表表尾增加一个结点，该操作需要修改三个指针。

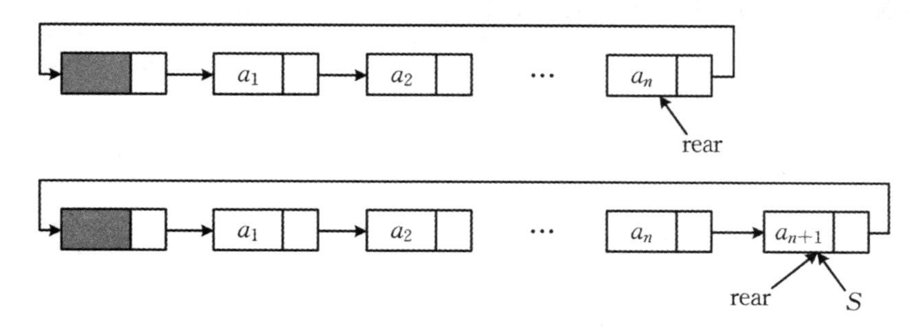

图3.10　循环单链表模拟入队操作

利用循环单链表模拟出队操作的示意图如图3.11所示，出队也就是在删除循环单链表的表头结点。

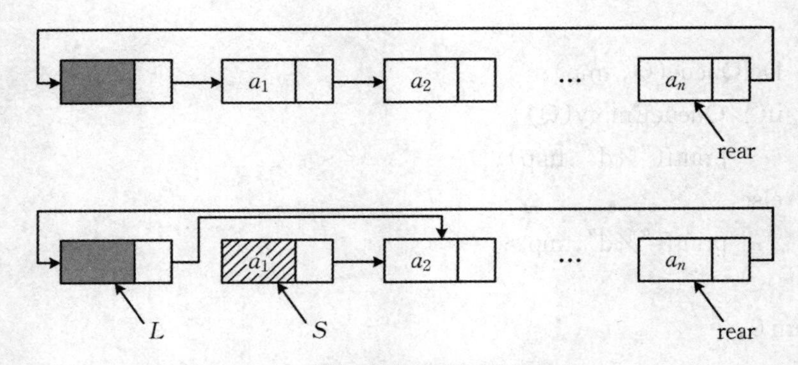

图3.11　循环单链表模拟出队操作

需要注意的是:第一,出队需要判断队列是否为空;第二,删除结点时,要释放动态开辟的结点存储空间,避免“野指针”出现;第三,如果出队后队列为空,也就是在出队操作前rear指针指向的结点在操作后会被释放,让rear指针重新指向头结点。

参考代码

略。

3.11　杨辉三角形

题目描述

利用队列打印杨辉三角形。

输入格式

输入要打印的行数。$0<n<15$。

输出格式

输出杨辉三角。注意:每个数字设置6个域宽。

输入样例

5

输出样例

1

1 1

1 2 1

1 3 3 1

1 4 6 4 1

解题思路1

仔细观察,这个等边三角形的左右两边都是1,每一行的数的个数等于该行行数。从第三行开始,中间的数都是肩上(上一行)两个数之和。因此,杨辉三角形的打印可以使用循环队列来实现:在循环队列中依次存放第$i-1$行上的元素,然后逐个出队并打印,同时生成第i行上的元素并入队。最后,下面以用第5行元素生成第6行元素为例说明具体过程。

(1) 第6行的第一个元素1入队。

data[rear]=1;

rear=(rear +1)% MAXSIZE。

(2) 循环做以下操作,产生第6行的中间4个元素并入队,即5,10,10,5入队。

data[rear]=data[front]+data[(front+1) %MAXSIZE];

rear=(rear +1)% MAXSIZE;

front=(front+1)%MAXSIZE。

(3) 第5行的最后一个元素1出队。

front=(front+1)%MAXSIZE。

(4) 第6行的最后一个元素1入队。

data[rear]=1;

rear=(rear +1)% MAXSIZE。

参考代码1

```
#include <stdio.h>
typedef int DataType;
#define MAXSIZE 100                          /*队列的最大长度*/
typedef struct
{
    DataType data[MAXSIZE];                  /* 队列的元素空间*/
    int front;                               /*头指针*/
    int rear ;                               /*尾指针*/
}CirQueue;
void InitQueue(CirQueue &Q)
{                                            /*将Q初始化为一个空的循环队列*/
    Q. front=Q. rear=0;
}
int InQueue(CirQueue &Q, DataType x)
{   /*将元素 x 入队*/
    if((Q. rear+1)%MAXSIZE==Q. front) /*队列已经满了*/
        return false ;
```

```
        Q.data[Q.rear]=x;
        Q.rear=(Q.rear+1)%MAXSIZE;  /* 重新设置队尾指针 */
        return true ;               /*操作成功*/
    }
int DelQueue(CirQueue &Q, DataType &x)
    {                               /*删除队列的队头元素,用x返回其值*/
        if(Q.front==Q.rear)         /*队列为空*/
            return false ;
        x=Q.data[Q.front];
        Q.front=(Q.front+1)%MAXSIZE;/*重新设置队头指针*/
        return true;                /*操作成功*/
    }
int QueueFront(CirQueue Q, DataType &x)
    {                               /*返回队列的队头元素,用x返回其值*/
        if(Q.front==Q.rear)         /*队列为空*/
            return false ;
        x=Q.data[Q.front];
        return true;                /*操作成功*/
    }
int QueueEmpty(CirQueue Q)
    {                               /*返回队列的队头元素,用x返回其值*/
        if(Q.front==Q.rear)         /*队列为空*/
            return true;
        else
            return false;           /*操作成功*/
    }
void YangHuiTriangle(int N)
    {
        CirQueue Q;
        InitQueue(Q);
        InQueue(Q,1);               /*第一行元素入队*/
        int n, i, j;
        DataType temp, x;
        for(n=2;n<=N;n++)           /*产生第n行元素并入队,同时打印第n-1
行的元素*/
        {
```

```
        for(j=1;j<=N-n+1;j++)
            printf("%3s", " ");
        InQueue(Q,1);                /*第n行的第一个元素入队*/
        for(i=1;i<=n-2;i++){
        /* 利用队中第n-1行元素产生第n行的中间n-2个元素并入队*/
            DelQueue(Q, temp);
            printf("%6d",temp);      /*打印第n-1行的元素*/
            QueueFront(Q, x);
            temp=temp+x;             /*利用队中第n-1行元素产生第n行元素*/
            InQueue(Q,temp);
        }
        DelQueue(Q, x);
        printf("%6d\n",x);           /*打印第n-1行的最后一个元素*/
        InQueue(Q,1);                /*第n行的最后一个元素入队*/
    }
    while(! QueueEmpty(Q)){          /*打印最后一行元素*/
        DelQueue(Q, x);
        printf("%6d",x);
    }
}
int main()
{
    int n;
    scanf("%d", &n);
    YangHuiTriangle(n);
    return 0;
}
```

解题思路2

C++的标准模板库(STL)是一个强大的工具,它提供了一系列标准化的模板类和函数,使得程序员可以更加方便地操作数据结构和算法。在STL中,有一个非常重要的组成部分就是容器(Containers)。

C++STL中的queue是一种提供FIFO(先进先出)行为的标准容器,也就是队列结构,因此对于需要用队列进行处理的序列来说,使用queue容器适配器也是一种好的选择。

queue 容器适配器以模板类 queue<T,Container=deque>(其中T为存储元素的类型,Container表示底层容器的类型)的形式位于头文件中,并定义在std命名空间里,queue的定义可以参见stl_queue.h。

queue和stack有一些成员函数相似,但在一些情况下,工作方式有些不同:

• front():返回queue中第一个元素的引用。如果queue是常量,就返回一个常引用;如果queue为空,返回值是未定义的。

• back():返回queue中最后一个元素的引用。如果queue是常量,就返回一个常引用;如果queue为空,返回值是未定义的。

• push(const T&obj):在queue的尾部添加一个元素的副本。这是通过调用底层容器的成员函数push_back()来完成的。

• push(T&&obj):以移动的方式在queue的尾部添加元素。这是通过调用底层容器的具有右值引用参数的成员函数push_back()来完成的。

• pop():删除queue中的第一个元素。

• size():返回queue中元素的个数。

• empty():如果queue中没有元素的话,返回true。

• emplace():用传给emplace()的参数调用T的构造函数,在queue的尾部生成对象。

• swap(queue &other_q):将当前queue中的元素和参数queue中的元素交换。它们需要包含相同类型的元素。也可以调用全局函数模板swap()来完成同样的操作。

参考代码2

```
#include <bits/stdc++.h>
using namespace std;
void space_num(int n) {
    for(int i = 0; i< n; i++) {
        printf("%3c", ' ');
    }
}
int main() {
    int n;
    scanf("%d", &n);
    queue<int> q;
    q. push(1);
    for(int i = 2; i<= n; i++) {
        q. push(1);
        //打印中间元素
        if(i> 2) {
            for(int j = 0; j <i - 2; j++) {
                int temp = q. front();
```

```
                if(j == 0) {
                    space_num(n - i + 1);
                }
                printf("%6d", temp);
                q.pop();
                temp += q.front();
                q.push(temp);
            }
        }
        q.push(1);
        int data = q.front();
        if(i< 3) {
            space_num(n - i + 1);
        }
        printf("%6d\n", data);
        q.pop();
    }
    while(! q.empty()) {
        printf("%6d", q.front());
        q.pop();
    }
    return 0;
}
```

提高篇

3.12　出栈序列的合法性

题目描述

如果一个栈的进栈序列是abcde,那么我们可能得到的输出序列是edcba,但不可能得到dceab。原因很简单,如果cde都出栈了,那么a和b肯定还在栈内,根据进栈顺序,一定是b先出栈,a最后出栈。除了利用上述判断准则之外,你能编写代码用栈模拟进行判断吗?

输入格式

第一行给出3个不超过26的数字:M(堆栈最大容量)、N(入栈元素个数)、K(待检查的出栈序列个数)。最后K行,每行给出N个字符的出栈序列。所有同行字符之间没有间隔。

输出格式

对每一行出栈序列,如果其的确是有可能得到的合法序列,就在一行中输出YES,否则输出NO。

输入样例

```
5 5 2
dcbae
decab
```

输出样例

```
YES
NO
```

解题思路

根据判断准则,我们不难找出如下规律:对出栈序列的每一个元素,其后所有小于此元素值的元素应是降序排列的。因此,此题可以借助一个辅助栈来进行判断,栈内存放入栈序列,通过栈顶元素和出栈序列当前元素的比较,来判断出栈序列的合法性。在实现出栈序列合法性判断之前,先要定义一个栈结构,并且实现它的基本操作(出栈Pop()、压栈Push()、访问栈顶元素GetTop()、判断栈是否为空StackEmpty()等)。

出栈序列合法性判断的算法思路如下:

(1) 建一个空栈,入栈'a'。

(2) 遍历给定出栈序列的每一个元素,比较栈顶元素和序列当前值是否相等:若栈顶元素小于出栈序列当前值,则继续输入入栈序列里的下一个元素;若栈顶元素等于栈序列当前值,出栈此元素,并访问下一个出栈序列的元素;若栈顶元素大于出栈序列当前值,则当前出栈序列不合法。

(3) 重复(1)、(2)步骤,直到入栈序列为空,且栈顶元素不等于出栈序列当前访问位置时即不合法。栈空,入栈序列空,出栈序列空为合法出栈。

参考代码

```
#include <iostream>
#include <stdlib.h>
using namespace std;
typedef char DataType;      //假设数据类型为char
#define STACKSIZE 26
typedef struct{
```

```
    DataType data[STACKSIZE];
    int top;
}Stack;
void InitStack(Stack &S)                    //初始化栈
{
    S.top=-1;
}
void ClearStack(Stack &S)
{
    S.top=-1;
}
static void DeleteStack(Stack &S)
{
    S.top=-1;
}
bool StackEmpty(Stack &S)
{
    return S.top==-1;
}
int GetTop(Stack &S, DataType &x)
{   /*将栈S的栈顶元素弹出,放到x中,但栈顶指针保持不变*/
    if(S.top == -1)                     /*栈为空*/
        return false;
    else
    {
        x=S.data[S.top];
        return true;
    }
}
int Push(Stack &S, DataType x)
{   /*将x置入栈S,作为新栈顶*/
    if(S.top == STACKSIZE - 1)      /*栈已满*/
        return false;
    else
    {
        S.top++;
        S.data[S.top]=x;
```

```
            return true;
        }
    }
    int Pop(Stack &S, DataType &x)
    {   /*将栈 S 的栈顶元素弹出,放到 x 中*/
        if(S.top == -1)      /*栈为空*/
        return false;
        else
        {
            x= S.data[S.top];
            S.top--;         /*修改栈顶指针*/
            return true;
        }
    }
    static bool StackFull(Stack &S)
    {
        return S.top == STACKSIZE-1;
    }
    bool Check(DataType b[], int m, int n) {
        Stack S;
        InitStack(S);
        DataType top='a',tmp;
        Push(S,top);
        for (int i = 0; i < n; i++) {
            if (S.data[S.top] < b[i]) {
                while (S.data[S.top] < b[i]){
                    Push(S, ++top);
                    if (S.top >= m)
                        return 0;
                    }
                }
                if(S.data[S.top] == b[i])
                    Pop(S,tmp);
                    else {
                return 0;
            }
```

```
    }
    return StackEmpty(S);
}
int main() {
    DataType out[STACKSIZE]; //出栈序列
    int M, N, K;
    cin>>M>>N>>K;
    getchar();
    for(int i=0; i<K; i++){
        for(int j=0;j<N;j++)
            cin>>out[j];
        bool result = Check(out, M, N);
        if (result)
            cout<<"YES"<<endl;
        else
            cout<<"NO"<<endl;
        }
    return 0;
}
```

3.13 迷宫问题

题目描述

一个陷入迷宫的小蚂蚁该如何找到出口？小蚂蚁希望系统性地尝试所有的路径之后再走出迷宫。如果它到达一个死胡同，将原路返回到上一个位置，尝试新的路径。在每个位置上，老鼠可以向八个方向运动，顺序是从正东开始按照顺时针进行。无论离出口多远，它总是按照这样的顺序尝试，当到达一个死胡同之后，小蚂蚁将进行“回溯”。迷宫只有一个入口，一个出口，设计程序要求输出迷宫的一条通路。迷宫用二维存储结构表示，1表示障碍，0表示通路；采用回溯法设计求解通路的算法。要求如下：

(1) 实现栈的相关操作。

(2) 利用栈实现回溯算法输出路径。

输入格式

输入包括三部分：第一个输入是迷宫大小；第二个输入是迷宫的状态；第三个输入是入

口和出口的位置。

输出格式

需要反向输出探索的路径,注意包括入口和出口位置。每个位置之间用分号“;”分隔。

输入样例

```
9
1 1 1 1 1 1 1 1 1
1 0 0 1 1 0 1 1 1
1 1 0 0 0 0 0 0 1
1 0 1 0 0 1 1 1 1
1 0 1 1 1 0 0 1 1
1 1 0 0 1 0 0 0 1
1 0 1 1 0 0 0 1 1
1 1 1 1 1 1 1 0 1
1 1 1 1 1 1 1 1 1
1 1 7 7
```

输出样例

```
7 7;6 6;5 7;4 6;4 5;3 4;2 5;2 4;2 3;1 2;1 1;
```

解题思路

需要综合利用栈这一数据结构与回溯算法。

参考代码

```
#include <iostream>
#include <stack>
#define MAX_SIZE 100
using namespace std;

typedef struct {
    int row;
    int col;
} Position;

typedef struct {
    int top;
    Position data[MAX_SIZE];
} Stack;
```

```
bool isEmpty(Stack* stack) {
    return stack->top == -1;
}
bool isFull(Stack* stack) {
    return stack->top == MAX_SIZE - 1;
}
void push(Stack* stack, Position pos) {
    if (isFull(stack)) {
        exit(1);
    }
    stack->data[++stack->top] = pos;
}

Position pop(Stack* stack) {
    if (isEmpty(stack)) {
        exit(1);
    }
    return stack->data[stack->top--];
}

// 求起点start到终点end的一条迷宫路径
void findPath(int maze[][MAX_SIZE], int size, Position start, Position end) {
    Stack stack;
    stack.top = -1;
    push(&stack, start);
    maze[start.row][start.col] = 1;
    int directions[8][2] = {
        {0, 1}, {1, 1}, {1, 0}, {1, -1},
        {0, -1}, {-1, -1}, {-1, 0}, {-1, 1}
    };
    while (! isEmpty(&stack)) {
        Position current = stack.data[stack.top];
        if (current.row == end.row && current.col == end.col) {
            break;
        }
        bool found = false;
```

```
        for (int i = 0; i < 8; i++) {                    // 循环扫描每个方位
            Position next;
            next.row = current.row + directions[i][0];
            next.col = current.col + directions[i][1];
            if (next.row >= 0 && next.row < size && next.col >= 0 && next.
col < size && maze[next.row][next.col] == 0) {         // 找到一个相邻的可走位置
                push(&stack, next);
                maze[next.row][next.col] = 1;
                found = true;
                break;
            }
        }
        if (! found) {
            pop(&stack);
        }
    }
    while (! isEmpty(&stack)) {
            Position pos = pop(&stack);
            printf("%d %d;", pos.row, pos.col);
    }
    printf("\n");
}

int main() {
    int size;
    cin >> size;
    int maze[MAX_SIZE][MAX_SIZE];
    for (int i = 0; i < size; i++) {
        for (int j = 0; j < size; j++) {
            cin >> maze[i][j];
        }
    }
    Position start, end;
    cin >> start.row >> start.col >> end.row >> end.col;
    findPath(maze, size, start, end);
    return 0;
}
```

3.14 Web 导 航

题目描述

标准网页浏览器包含在最近访问过的网页中前后移动的功能。实现这些功能的一种方法是使用两个堆栈来跟踪通过前后移动可以到达的页面。在本问题中,要求您实现这一功能。需要支持以下命令:

(1) 后退:将当前页面推到前进堆栈的顶部。从后退堆栈顶部弹出页面,使其成为新的当前页面。如果后向堆栈为空,则忽略该命令。

(2) 向前:将当前页面推到向后堆栈的顶部。从前向堆栈顶层弹出页面,使其成为新的当前页面。如果前向堆栈为空,则忽略该命令。

(3) 访问:将当前页面推到后向堆栈的顶部,并将指定的URL作为新的当前页面。前向堆栈将清空。

(4) QUIT:退出浏览器。

假设浏览器最初加载的网页地址为http://www.acm.org/。

输入格式

输入是一系列命令。命令关键字"返回""前进""访问"和"退出"均为大写。URL没有空白,最多有70个字符。您可以假设,任何问题实例在任何时候都不会在每个堆栈中需要超过100个元素。QUIT命令表示输入结束。

输出格式

对于QUIT以外的每条命令,如果命令未被忽略,则在命令执行后打印当前页面的URL。否则,打印"忽略"。每条命令的输出都应打印在单独一行上。QUIT命令不产生输出。

输入样例

VISIT http://acm. ashland. edu/

VISIT http://acm. baylor. edu/acmicpc/

BACK

BACK

BACK

FORWARD

VISIT http://www. ibm. com/

BACK

BACK

FORWARD
FORWARD
FORWARD
QUIT

输出样例

http://acm. ashland. edu/
http://acm. baylor. edu/acmicpc/
http://acm. ashland. edu/
http://www. acm. org/
Ignored
http://acm. ashland. edu/
http://www. ibm. com/
http://acm. ashland. edu/
http://www. acm. org/
http://acm. ashland. edu/
http://www. ibm. com/
Ignored

解题思路

需要综合利用堆栈的知识,完成堆栈的相关操作。

参考代码

```
#include <bits/stdc++.h>
using namespace std;
const int N=1e7+10;
int main()
{
    stack<string>backward;
    stack<string>forward;
    string c;
  string cur="http://www.acm.org";
    while(cin>>c&&c!="QUIT")
    {
        if(c=="VISIT")
        {
            backward.push(cur);                //当前页面进入后向栈
            cin>>cur;cout<<cur<<endl;          //显示新访问的页面
```

```
            while(forward.empty()! =true)         //判断前向栈是否为空
            {forward.pop();}                      //清空前向栈
        }
        else if(c=="BACK")
        {
            if(backward.empty()==true)
            {
                cout<<"Ignored"<<endl;            //空的话忽略该指令
            }else
            {
                forward.push(cur);                //当前页面进入前向栈
                cur=backward.top();               //显示后向栈顶部的页面
                backward.pop();                   //后向栈顶部出栈
                cout<<cur<<endl;
            }
        }
        else if(c=="FORWARD")
        {
            if(forward.empty()==true)
            {
                cout<<"Ignored"<<endl;
            }else
            {
                backward.push(cur);               //与上述BACK正好相反
                cur=forward.top();
                forward.pop();
                cout<<cur<<endl;
            }
        }
    }
    return 0;
}
```

3.15 堆栈模拟队列

题目描述

设已知有两个堆栈$s1$和$s2$,请用这两个堆栈模拟出一个队列Q。

所谓用堆栈模拟队列,实际上就是通过调用堆栈的下列操作函数:

- int IsFull(Stack s):判断堆栈s是否已满,返回1或0;
- int IsEmpty (Stack s):判断堆栈s是否为空,返回1或0;
- void Push(Stack s, ElementType item):将元素item压入堆栈s;
- ElementType Pop(Stack s):删除并返回s的栈顶元素。

实现队列的操作,即入队 void AddQ (ElementType item) 和出队 ElementType DeleteQ()。

输入格式

输入首先给出两个正整数$N1$和$N2$,表示堆栈$s1$和$s2$的最大容量。随后给出一系列的队列操作:A item表示将item入列(这里假设item为整型数字);D表示出队操作;T表示输入结束。

输出格式

对输入中的每个D操作,输出相应出队的数字,或者错误信息ERROR:Empty。如果入队操作无法执行,也需要输出ERROR:Full。每个输出占1行。

输入样例

3 2

A 1 A 2 A 3 A 4 A 5 D A 6 D A 7 D A 8 D D D D T

输出样例

ERROR:Full

1

ERROR:Full

2

3

4

7

8

ERROR:Empty

解题思路

题目要求用两个栈来模拟一个队列，所以两个栈中一个栈的入栈、出栈顺序与队列相反，另外一个栈的出栈、入栈顺序与队列相同（即其中一个栈是另外一个栈满了之后，每个元素弹出后再压入）。

我们称$s1$为顺序相反的栈，$s2$为顺序相同的栈。因为$s1$满了之后所有元素会弹出并压入$s2$中，所以$s2$的大小必须大于等于$s1$。因此，选择容量小的栈作为$s1$，容量大的栈作为$s2$。

入队时：

$s1$没有满，直接压入$s1$；

$s1$满了，$s2$不会空，把$s1$中所有元素弹出压入$s2$中，新的元素压入$s1$；

其他情况输出ERROR:Full。

出队时：

$s2$不为空时，直接弹出$s2$栈顶元素；

$s2$为空，$s1$不会空时，$s1$中元素入栈$s2$，最后一个元素弹出；

其他情况输出ERROR:Empty。

参考代码

```
#include <iostream>
#include <stack>
using namespace std;
typedef int DataType;
int m1,m2;
stack<DataType> s1;
stack<DataType> s2;

void add(int n)
{
    if (s1.size() != m1) {
        s1.push(n);
    }
    else if (s2.empty()) {
        while (! s1.empty()) {
            DataType t = s1.top();
            s1.pop();
            s2.push(t);
        }
```

```
        s1.push(n);
    }
    else cout << "ERROR:Full\n";
}

void del()
{
    if (! s2.empty()) {
        cout << s2.top() << endl;
        s2.pop();
    }
    else if (! s1.empty()) {
        while (s1.size() != 1) {
            DataType t = s1.top();
            s2.push(t);
            s1.pop();
        }
        cout << s1.top() << endl;
        s1.pop();
    }
    else cout << "ERROR:Empty\n";
}

int main()
{
    int n;
    char flag;
    cin >> m1 >> m2;
    if (m1 > m2) swap(m1,m2);
    while (cin >> flag) {
        if (flag == 'T') break;
        else if (flag == 'A') {
            cin >> n;
            add(n);
        }
        else if (flag == 'D') {
```

```
            del();
        }
    }
    return 0;
}
```

3.16 魔王语言解释

题目描述

有一个魔王总是使用自己的一种非常精练且抽象的语言讲话,没人能听得懂。但他的语言是可以逐步解释成人能听得懂的语言的,因为他的语言是通过以下两种形式的规则由人的语言逐步抽象形成的:

形式1:$\alpha \rightarrow \beta_1\beta_2\ldots\beta_m$。

形式2:$(\theta\delta_1\delta_2\ldots\delta_n) \rightarrow \theta\delta_n\theta\delta_{n-1}\ldots\theta\delta_1\theta$。

在这两种形式中,从左到右均表示解释;从右到左表示抽象。试写出一个魔王解释系统,把他的话解释成人能听懂的话。

用下述两条具体规则和上述规则形式2实现。设大写字母表示魔王语言解释的词汇,小写字母表示人的语言词汇;希腊字母表示可以用大写或小写字母代换的变量。魔王语言可含人的词汇。

规则1:$B \rightarrow tAdA$。

规则2:$A \rightarrow sae$。

t	d	s	a	e	z	g	x	n	h
天	地	上	一只	鹅	追	赶	下	蛋	恨

输入一串带有大小写字母的字符串,其中小写字母用圆括号括起来。例如:B(einxgz)B。根据魔王语言翻译逻辑,分两行输出字母语言和中文语言。例如:

tsaedsaeezegexeneietsaedsae

天上一只鹅地上一只鹅鹅追鹅赶鹅下鹅蛋鹅恨鹅天上一只鹅地上一只鹅

输入格式

输入一个字符串,其中包括字母与括号。

输出格式

输出一个字符串,输出中文结果。

输入样例

B(einxgz)B

A(hnxB(egz)xh)

输出样例

tsaedsaeezegexeneietsaedsae

天上一只鹅地上一只鹅鹅追鹅赶鹅下鹅蛋鹅恨鹅天上一只鹅地上一只鹅

saehhhxhehghehzhehtsaedsaehxhnh

上一只鹅恨恨恨下恨鹅恨赶恨鹅恨追恨鹅恨天上一只鹅地上一只鹅恨下恨蛋恨

解题思路

这道题的难点在于从右到左的抽象,需要用到栈和递归算法。以A(hnxB(egz)xh)为例:

(1) 首先解决形式2问题,没扫描到括号时正常输出字符串;扫描到左括号的时候,需要调用一个递归函数来解决括号嵌套的问题。

① 将括号内的第一个字符保留,后续扫描到左括号时,继续调用递归函数;其他字符依次入栈;扫描到右括号时,停止扫描并记录位置;② 陆续将栈顶元素出栈并与首字母进行串连接;③ 将左右括号外的字符串和串连接后的字符串进行拼接。

(2) 其次拿掉所有的嵌套括号后的字符串再按照从左至右的顺序以规则1和规则2进行解释,将所有的大写字母转换为小写字母。

(3) 最后将所有小写字母按照翻译规则翻译为汉字。

参考代码

```
#include <bits/stdc++.h>
using namespace std;
string ans;
string s;
void explain(){
    string news = "";
    for(int i = 0;i<s.length();i++){
        if(s[i] == 'B'){
            news+="tAdA";
        }
        else{
            news+=s[i];
        }
    }
    s = "";
```

```
    for(int i = 0;i<news.length();i++){
        if(news[i] == 'A'){
            s+="sae";
        }
        else{
            s+=news[i];
        }
    }
}
void abstract(int pi){              //递归函数,解决嵌套括号问题
    stack<char> st;
    char s1 = s[pi+1];
    int end;
    for(int i = pi+2; i < s.length(); i++){
        if(s[i] == '('){
            abstract(i);
        }
        else if(s[i] == ')'){
            end = i;
            break;
        }
        else{
            st.push(s[i]);
        }
    }
    string p1 = s.substr(0, pi+1);
    string p2 = s.substr(end+1, s.length());
    string p3 = "";
    while(! st.empty()){
        p3 += s1;
        p3 += st.top();
        st.pop();
    }
    p3 += s1;
    s = p1 + p3 + p2;
}
```

```
string find(){
    string answer = "";
    for(int i = 0;i<s.length();i++){
        if(s[i] == '(')
            abstract(i);
        else
            answer+=s[i];
    }
    return answer;
}

void translate(){
    for(int i = 0;i<ans.length();i++){
        if(ans[i] == 't'){
            cout<<"天";
        }
        else if(ans[i] == 'd'){
            cout<<"地";
        }
        else if(ans[i] == 's'){
            cout<<"上";
        }
        else if(ans[i] == 'a'){
            cout<<"一只";
        }
        else if(ans[i] == 'e'){
            cout<<"鹅";
        }
        else if(ans[i] == 'z'){
            cout<<"追";
        }
        else if(ans[i] == 'g'){
            cout<<"赶";
        }
        else if(ans[i] == 'x'){
```

```
            cout<<"下";
        }
        else if(ans[i] == 'n'){
            cout<<"蛋";
        }
        else if(ans[i] == 'h'){
            cout<<"恨";
        }
    }
}
int main(){
    cin>>s;                  //cout<<"请输入魔王的语言:";
    s = find();              //解决问题的函数,去除括号
    explain();               //将大写字母都换成小写
    cout<<s<<endl;           //cout<<"整理之后的魔王语言为:"<<endl;
    ans = s;
    translate();             //cout<<"魔王语言的翻译为:"<<endl;
}
```

3.17　停车场问题

题目描述

设停车场是一个可停放n辆汽车的狭长通道,且只有一个大门可供汽车进出。汽车在停车场内按车辆到达时间的先后顺序,依次由北向南排列(大门在最南端,最先到达的第一辆车停放在车场的最北端),若车场内已停满n辆汽车,则后来的汽车只能在门外的便道上等候,一旦有车开走,则排在便道上的第一辆车即可开入;当停车场内某辆车要离开时,在它之后进入的车辆必须先退出车场为它让路,待该辆车开出大门外,其他车辆再按原次序进入车场,每辆停放在车场的车在它离开停车场时必须按它停留的时间长短交纳费用。试为停车场编制按上述要求进行管理的模拟程序。

基本要求

以栈模拟停车场,以队列模拟车场外的便道,按照从终端读入的输入数据序列进行模拟管理。每一组输入数据包括三个数据项:汽车"到达"或"离去"信息、汽车牌照号码以及到达或离去的时刻。对每一组输入数据进行操作后的输出信息为:若是车辆到达,则输出汽车在

停车场内或便道上的停车位置;若是车辆离去,则输出汽车在停车场内停留的时间和应交纳的费用(在便道上停留的时间不收费)。栈以顺序结构实现,队列以链表结构实现。

输入格式

输入数据的第一行包含两个正整数n和m($n,m\leqslant 10$)分别表示停车场的容量和每小时停车费用。从第2行开始,每行表示一组输入数据,由三项内容构成:

(1) 一个大写英文字母,表示汽车“到达”或“离开”信息,输入'A'时,表示汽车达到,输入'D'时,表示汽车离开,输入'E'时,表示程序结束。

(2) 一个正整数X,表示汽车牌照号。

(3) 一个正整数T,表示汽车到达或离开的时刻。这三项内容之间以一个空格间隔。

输出格式

对每一组输入数据进行操作后的输出信息为:若是车辆到达,则输出汽车在停车场内或便道上的停车位置;若是车辆离开,则输出汽车在停车场内停留的时间(单位是小时)和应交纳的费用(在便道上停留的时间不收费),假设停车费为每小时m元。具体分为如下几种情况:

(1) 如果汽车X到达,且停车场未满,则输出如下信息:“汽车X停靠在停车场Y号位置”(其中:X为汽车牌照号,Y为停车场车位序号,$1\leqslant Y\leqslant n$)。

(2) 如果汽车X到达,但停车场已满,则输出如下信息:“汽车X停靠在便道的Z号位置”(其中:X为汽车牌照号,Z为便道的车位序号,$1\leqslant Z$)。

(3) 如果汽车X离开,且X在停车场内,则输出如下信息:“汽车X停车H小时,缴纳停车费M元”(其中:X为汽车牌照号,H为停车时间,M为停车费用)。

如果此时便道上的停车队列不为空,则将便道上的第一辆汽车停入停车场,并输出如下信息:“汽车X停靠在停车场Y号位置”(其中:X为汽车牌照号,Y为停车场车位序号,$1\leqslant Y\leqslant n$)。

(4) 如果汽车X离开,但停车场没有牌照X的汽车,则输出如下信息:“汽车X不在停车场”(其中:X为汽车牌照号)。

输入样例

4 5

A 1 10

A 2 15

A 3 16

D 4 17

D 3 20

A 4 21

A 5 22

A 6 23

A 7 24

A 8 25
D 3 25
D 4 25
D 5 26
A 9 26
A 10 27
A 11 28
A 12 29
A 13 30
D 13 35
D 1 36
D 2 37
D 3 38
D 4 38
D 5 38
D 6 38
D 7 39
D 8 40
D 9 41
D 10 44
D 11 46
D 12 50
D 13 60
D 14 70
E

输出样例

汽车1停靠在停车场1号位置
汽车2停靠在停车场2号位置
汽车3停靠在停车场3号位置
汽车4不在停车场
汽车3停车4小时,缴纳停车费20元
汽车4停靠在停车场3号位置
汽车5停靠在停车场4号位置
汽车6停靠在便道的1号位置
汽车7停靠在便道的2号位置
汽车8停靠在便道的3号位置

汽车3不在停车场
汽车4停车4小时,缴纳停车费20元
汽车6停靠在停车场4号位置
汽车5停车4小时,缴纳停车费20元
汽车7停靠在停车场4号位置
汽车9停靠在便道的2号位置
汽车10停靠在便道的3号位置
汽车11停靠在便道的4号位置
汽车12停靠在便道的5号位置
汽车13停靠在便道的6号位置
汽车13不在停车场
汽车1停车26小时,缴纳停车费130元
汽车8停靠在停车场4号位置
汽车2停车22小时,缴纳停车费110元
汽车9停靠在停车场4号位置
汽车3不在停车场
汽车4不在停车场
汽车5不在停车场
汽车6停车13小时,缴纳停车费65元
汽车10停靠在停车场4号位置
汽车7停车13小时,缴纳停车费65元
汽车11停靠在停车场4号位置
汽车8停车4小时,缴纳停车费20元
汽车12停靠在停车场4号位置
汽车9停车4小时,缴纳停车费20元
汽车13停靠在停车场4号位置
汽车10停车6小时,缴纳停车费30元
汽车11停车7小时,缴纳停车费35元
汽车12停车10小时,缴纳停车费50元
汽车13停车19小时,缴纳停车费95元
汽车14不在停车场

第4章　串

自新冠疫情暴发以来，核酸检测成为了疫情防控的重要手段之一。核酸检测是通过检测病毒的核酸来判断一个人是否感染了新冠病毒。这种检测方法具有准确性高、灵敏度高、特异性强等优点，因此被广泛应用于疫情防控中。那么核酸检测的原理是什么？简单来说，我们先提取被检测者的DNA序列，看里面是否包含了病毒的RNA序列，如果包含就感染了病毒，否则没有感染。这类问题在数据结构课程中，我们称之为串的模式匹配问题。

思维导图

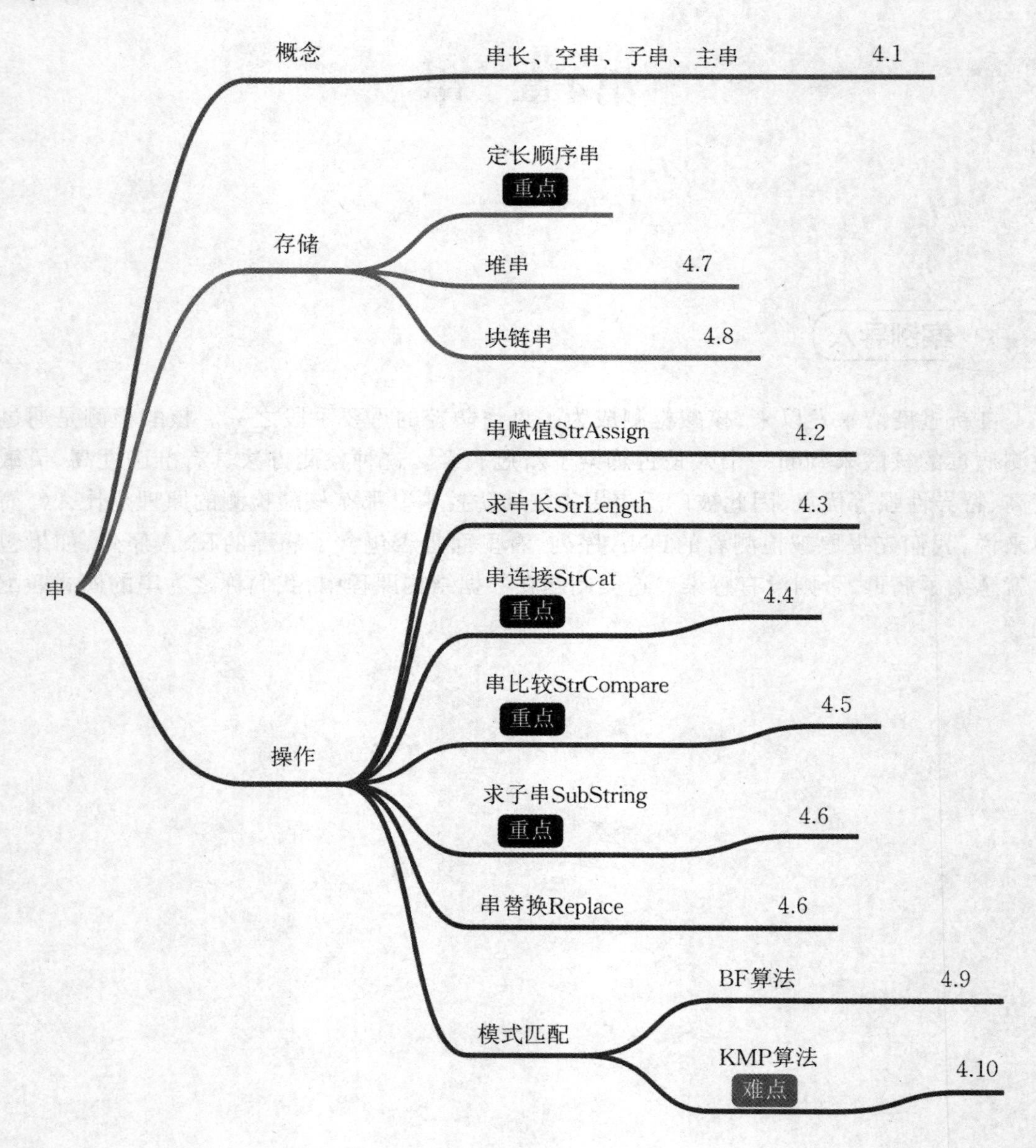

教学目的和教学要求

1. 了解串的顺序存储结构和链式存储结构。

2. 掌握串的顺序存储结构实现和串的模式匹配算法。

基础篇

4.1　密码破解游戏

题目描述

在一个密码破解游戏中，玩家需要根据提示破解一个由数字和字母组成的密码。请编写一个程序，根据已知的密码作为主串及其长度，判断玩家所输入的字符串是否与密码匹配。要求编写函数 StrEmpty 判断是否是空串，同时输出子串是否匹配。

要求：

(1) 程序要求用户输入密码的长度、密码本身以及玩家的输入字符串。

(2) 密码由数字和大写字母组成，长度不超过10。

(3) 程序判断逻辑为：只要玩家输入的字符串与密码长度相等，并且对应位置上的字符相同，即认为破解成功。

输入格式

第一行输入一个数字，表示密码的长度。

第二行输入一个字符串是密码主串。

第三行输入一个字符串是输入的密码子串。

输出格式

先输出是否是空串，若不是空串，输出"True password!"，并输出子串的长度，接着判断是否破解密码，如果成功破解，输出"Password cracked!"，如果未破解成功，输出"Access denied!"。

输入样例

```
6
AB45CD
AB45CD
3
add
aaa
```

输出样例

```
True password!
6
Password cracked!
```

True password!

3

Access denied!

解题思路

(1) 要求用户输入密码的长度和密码本身。

(2) 创建一个字符数组,用于存储密码。

(3) 提示用户输入破解尝试的字符串。

(4) 使用strcmp函数比较输入的字符串和密码是否一致,编写StrEmpty函数判断是否是空串。

(5) 输出相应的破解结果。

参考代码

```
#include <iostream>
#include <cstring>
#include <string>
using namespace std;
#define MAXLEN 20
typedef struct
{    //串结构定义
    char ch [MAXLEN];
    int length;
} SString;
void StrAssign (SString &S, char cs[])
{
    int i;
    for (i = 0; cs[i] != '\0' && i < MAXLEN; i++)
        S. ch[i] = cs[i];
    S. length = i;
}
int StrEmpty (SString S)
/*若串S为空(即串长为0),则返回1,否则返回0*/
{
    if (S. length==0)
        return 1 ;
    else
        return 0 ;
```

```
}
int StrCompare ( SString S, SString T )
//若串 S 和 T 相等,则返回 0,若 S > T 返回大于 0 的数,若 S < T 返回小于 0 的数*/
{
    int i;
    for ( i = 0; i < S. length && i < T. length; i++ )
        if ( S. ch [ i ] ! = T. ch [ i ] )
            return S. ch [ i ] - T. ch [ i ] ;
    return S. length - T. length ;
}
int main() {
    int length;
    char password[11];
    char attempt[11];
    cout<<"请输入密码长度(最大为10):";
    cin>>length;
    cout<<"请输入密码:";
    cin>>password;
    cout<<"请输入你的破解尝试:";
    cin>>attempt;
    SString s1;
    StrAssign(s1,attempt);
    if(StrEmpty(s1)==1)
        cout<<"Empty password! "<<endl;
    else
        cout<<"True password! "<<endl;
    if (StrCompare(attempt, password) == 0) {
      cout<<"Password cracked! "<<endl;
    } else {
        cout<<"Access denied! "<<endl;
    }
    return 0;
}
```

4.2 求 串 长

题目描述

编写一个程序,接收一个字符串,输出串的长度。

要求:

(1) 字符串长度不超过100个字符。

(2) 不使用任何字符串库函数。

输入格式

输入一个字符串。

输出格式

输出字符串的串长。

输入样例

请输入一个字符串(长度不超过100个字符):level

请输入一个字符串(长度不超过100个字符):worlds

输出样例

字符串的串长为5

字符串的串长为6

解题思路

(1) 首先,我们需要接收一个字符串。

(2) 接着,我们可以使用StrAssign函数处理字符串。

(3) 最后,我们可以使用后StrLength函数来输出字符串的长度。

参考代码

略。

4.3 串连接实验

题目描述

设计一个程序,实现串连接(strcat)的功能。给定两个字符串,将第二个字符串连接到第一个字符串的末尾,并输出连接后的结果。

输入格式

第一行输入一个字符串作为主串。

第二行输入一个字符串作为字串。

输出格式

输出将两个字符串连接在一起的结果。

输入样例

Hello

Hangzhou

输出样例

HelloHangzhou

解题思路

(1) 创建两个字符数组,用于存储输入的两个字符串。

(2) 分别读取两个字符串。

(3) 计算第一个字符串的长度,确定连接后的字符串的长度。

(4) 创建一个足够大的字符数组,用于存储连接后的结果。

(5) 使用循环将第一个字符串的字符复制到结果数组中。

(6) 继续循环将第二个字符串的字符复制到结果数组中,直到遇到字符串结束符 \0。

(7) 输出连接后的结果。

参考代码

```
#include <iostream>
#include <string.h>
using namespace std;
#define MAXLEN 20
typedef struct { //串结构定义
    char ch [MAXLEN];
    int length;
} SString;
void StrAssign ( SString &S, char cs[ ] )
{
    int i;
    for ( i = 0; cs[ i ] ! = '\0' && i < MAXLEN; i++ )
        S. ch[ i ] = cs[ i ];
    S. length = i;
}
int StrCat( SString &S, SString T )
```

```
/*将串 T 连接在串 S 的后面*/
{
    int i, flag;
    if ( S. length + T. length <= MAXLEN )
        {   //连接后串长小于 MAXLEN,不截断
            for ( i = S. length; i < S. length + T. length; i++ )
                S. ch [ i ] = T. ch [ i - S. length ];
            S. length= S. length + T. length;
            flag = 1;
        }
    else if ( S. length < MAXLEN )
        {   //连接后串长大于 MAXLEN ,但串 S 的长度小于 MAXLEN
            //即连接后串 T 的部分字符序列被舍弃,T 部分截断
            for ( i = S. length; i < MAXLEN; i++ )
                S. ch [ i ] = T. ch [ i - S. length ];
            S. length = MAXLEN;
            flag = 0;
        }
    else
        flag=0; // 串 S 的长度等于 MAXLEN ,串 T 不被连接,T 全部截断
    return flag;
}

int main() {
    char str1[100];
    char str2[100];
    cout<<"Enter the first string: ";
    cin>>str1;
    cout<<"Enter the second string: ";
    cin>>str2;
    SString s1,s2;
    StrAssign(s1,str1);
    StrAssign(s2,str2);

    if(StrCat(s1, s2)==1)
        for(int i = 0;i<s1. length;i++)
```

```
            cout<<s1.ch[i];
    return 0;
}
```

4.4 串的比较

题目描述

设计一个程序,实现在给定的两个字符串进行比较的功能(StrCompare)。给定两个字符串,进行两个字符串的比较。

输入格式

第一行输入一个字符串作为主串。

第二行输入一个字符串作为字串。

输出格式

输出"equal",代表两个串相等,输出"not equal"代表两个串不等。

输入样例

Hello

ello

输出样例

not equal

解题思路

(1) 创建两个字符数组,分别用于存储输入的主串和子串。

(2) 使用StrAssign函数创建主串和子串。

(3) 使用StrCompare函数对两个串进行比较。

(4) 输出对两个串的比较结果。

参考代码

```
#include <iostream>
#include <string.h>
using namespace std;
#define MAXLEN 20
typedef struct {      //串结构定义
    char ch [MAXLEN];
    int length;
```

```
}SString;
void StrAssign (SString &S, char cs[])
{
    int i;
    for ( i = 0; cs[i] != '\0' && i < MAXLEN; i++ )
        S. ch[i] = cs[i];
    S. length = i;
}
int StrCompare ( SString S, SString T )
//若串S和T相等,则返回0,若S>T返回大于0的数,若S<T返回小于0的数*/
{
    int i;
    for ( i = 0; i < S. length && i < T. length; i++ )
    if ( S. ch [i] != T. ch [i] )
        return S. ch [i] - T. ch [i] ;
    return S. length - T. length ;
}
int main() {
    char str[100];
    char substr[100];

    cout << "Enter the string: ";
    cin>>str;
    cout << "Enter the substring: ";
    cin>>substr;
    SString s1,s2;
    StrAssign(s1,str);
    StrAssign(s2,substr);
    if(StrCompare(s1,s2)==1)
        cout<<"equal"<<endl;
    else
        cout<<"not equal"<<endl;
    return 0;
}
```

4.5 子串查找

题目描述

设计一个程序，实现在给定字符串中查找指定子串的功能(SubString)。给定一个字符串和一个子串，判断子串是否在字符串中出现，并输出结果。

输入格式

第一行输入一个字符串作为主串。

第二行输入一个字符串作为字串。

输出格式

输出数字，代表字串在主串中是否出现。

输入样例

Anhui

hui

输出样例

The substring is found at in the string.

解题思路

(1) 创建两个字符数组，分别用于存储输入的字符串和子串。

(2) 读取字符串和子串。

(3) 在字符串中查找子串。

(4) 如果返回非空指针，则表示子串在字符串中出现。

(5) 如果返回值为空指针，则表示子串不在字符串中出现。

(6) 如果子串在字符串中出现，可以通过指针的减法操作得到子串在字符串中的位置。

(7) 根据查找结果输出相应的提示信息。

参考代码

```
#include <iostream>
#include <string.h>
using namespace std;
#define MAXLEN 20
typedef struct {        //串结构定义
    char ch[MAXLEN];
    int length;
```

```
}SString;
void StrAssign ( SString &S, char cs[ ] )
{
    int i;
    for ( i = 0; cs[ i ] ! = '\0' && i < MAXLEN; i++ )
        S. ch[ i ] = cs[ i ];
    S. length = i;
}
int SubString ( SString &sub, SString s, int pos, int length )
/*将串 S 中下标 pos 起 length 个字符复制到 sub 中*/
{
    int i;
    if ( pos < 0 || pos >=s. length || length < 1 || length > s. length - pos )
    {
        sub. length = 0;
        return 0 ;
    }
    for ( i = 0; i < length; i++ )
        sub. ch [ i ] = s. ch [ i + pos ];
    sub. length = length;
    return 1 ;
}
int main() {
    char str[100];
    char substr[100];
    cout << "Enter the string: ";
    cin>>str;
    cout << "Enter the substring: ";
    cin>>substr;
    SString s1,s2;
    StrAssign(s1,str);
    StrAssign(s2,substr);
    int result = SubString(s2,s1,0,s1. length);
    if (result ! = NULL) {
        cout << "The substring is found at in the string. " << endl;
    } else {
```

```
        cout << "The substring is not found in the string." << endl;
    }
    return 0;
}
```

4.6 加密码串

题目描述

为了防止信息被别人轻易窃取，需要把电码明文通过加密方式变换成为密文。输入一个以回车符为结束标志的字符串S与T(少于80个字符)，再输入一个字符串V，用V替换串S中出现的所有与T相等的不重叠的子串进行加密。实现串的替换(StrReplace)操作。

输入格式

第一行输入字符串S与T。

第二行输入用于替换的字符串V。

输出格式

输出0或1，代表加密后的字符串是否存在。

输入样例

Hangzhou

Hang

ang

输出样例

0

解题思路

需要设计一个StrReplace函数来实现对字符串的替换。

参考代码

```
#include <iostream>
#include <string.h>
using namespace std;
#define MAXLEN 20
typedef struct {        //串结构定义
    char ch [MAXLEN];
    int length;
```

```
}SString;
void StrAssign ( SString &S, char cs[ ] )
{
    int i;
    for ( i = 0; cs[ i ] ! = '\0' && i < MAXLEN; i++ )
        S. ch[ i ] = cs[ i ];
    S. length = i;
}
int SubString ( SString &sub, SString s, int pos, int length )
/*将串 S 中下标 pos 起 length 个字符复制到 sub 中*/
{
    int i;
    if ( pos < 0 || pos >=s. length || length < 1 || length > s. length - pos )
    {
        sub. length = 0;
        return 0 ;
    }
    for ( i = 0; i < length; i++ )
        sub. ch [ i ] = s. ch [ i + pos ];
    sub. length = length;
    return 1 ;
}
int StrReplace(SString& s, SString t, SString v)
/* 用串v替换串s中所有和串t匹配的子串。 */
/* 若有与t匹配的子串被替换,则返回TRUE;*/
/* 否则返回FALSE */
{
    int i,j,k,b,p,pos,flag;
    i = 1;
    flag = 0;
    k = t. length-v. length;                //串t与串v的长度差
    while(i <= s. length-t. length+1){
        j = 1;
        pos = i;                            //记录当前模式串的位置
        while(j <= t. length){
            if(s. ch[pos] == t. ch[j]){     //模式串匹配
```

```
            ++j;
            ++pos;
        }
        else
            break;
        }
        if(j > t.length){                        //模式串匹配成功,进行替换
操作
            if(k == 0){                          //串t与串v的长度相等
                for(j = 1,p = i;j <= v.length;++p,++j){
                    s.ch[p] = v.ch[j];
                }
            }
            if(k > 0){                           //串t的长度大于串v的长度
                for(j = 1,p = i;j <= v.length;++p,++j){
                    s.ch[p] = v.ch[j];
                }
                for(p = pos;p <= s.length;++p){//被替换子串后的元素往前移
                    s.ch[p-k]=s.ch[p];
                }
                s.length = s.length - k;         //当前主串长度改变
            }
            if(k < 0){//串t的长度小于串v的长度
                for(p = s.length; p >= i;--p){  //被替换子串后的元素往后移
                    s.ch[p-k] =s.ch[p];
                }
                for(j = 1,p = i;j <= v.length;++p,++j){
                    s.ch[p] = v.ch[j];
                }
                s.length = s.length - k;         //当前主串长度改变
            }
            flag = 1;                            //匹配成功,标记为1
        }
        else
            ++i;                                 //模式串匹配不成功,模式串
向后移
```

```
    }
    if(flag)
        return 1;
    else
        return 0;
}
int main() {
    char s[100];
    char v[100];
    char t[100];
    cout << "Enter the  s string: ";
    cin>>s;
    cout << "Enter the v string: ";
    cin>>v;

    cout << "Enter the t string: ";
    cin>>t;

    SString s1,s2,s3;
    StrAssign(s1,s);
    StrAssign(s2,v);
    StrAssign(s3,t);
    int i = StrReplace(s1,s2,s3);
    cout<<i<<endl;
    return 0;
}
```

4.7 堆　　串

题目描述

堆串与定长顺序串类似,仍然以一组地址连续的存储单元存放串的字符序列,但堆串的存储空间是在程序执行过程中动态分配的。定长顺序串和堆串这两种串的存储结构通常被高级程序设计语言所采用。由于堆串有定长顺序串的特点,处理方便,堆串长度又没有限制,处理灵活方便,因此在串处理程序中经常被使用。设计函数实现堆串的连接操作。

输入格式

第一行输入一个字符串作为主串。

第二行输入一个字符串作为字串。

输出格式

输出连接两个堆串是否成功,成功输出"Concat Success!",失败输出"Concat Fail!"。

输入样例

Hello

Anhui

输出样例

Concat Success!

解题思路

(1) 创建两个字符数组,分别用于存储输入的字符串和子串。

(2) 读取字符串和子串。

(3) 使用StrAssign函数对堆串进行赋值。

(4) 使用StrCat函数对堆串进行连接。

(5) 根据结果输出相应的提示信息。

参考代码

```
#include <iostream>
#include <string.h>
using namespace std;
#define MAXLEN 20
typedef struct
{
    char ch[100];
    int length;
}HString;
int StrAssign (HString &S, char t[])        /*将字符常量 t 的值给堆串 s 初始化 */
{
    int length,i=0;
    while (t[i]! ='\0')
        i++;
    length = i;
    for ( i = 0; i < length; i++ )          //字符序列的复制,生成新串
        S. ch [i] = t [i] ;
```

```
    S. length = length;
    return 1 ;
}
int StrCat ( HString &S, HString T )        /*将串T连接在S的后面 */
{
    int i;
    char temp[100];
    for ( i = 0; i < S. length; i++ )
        temp [ i ] = S. ch [ i ];
    if(i < S. length + T. length)
        for ( i = S. length; i < S. length + T. length; i++ )
            temp [ i ] = T. ch [ i - S. length ];
  return 1;
}
int main() {
    char str[100];
    char substr[100];
    cout << "Enter the string: ";
    cin>>str;
    cout << "Enter the substring: ";
    cin>>substr;
    HString s1,s2;
    StrAssign(s1,str);
    StrAssign(s2,substr);
    if(StrCat(s1,s2)==1)
        cout<<"Concat Success!";
    else
        cout<<"Concat Fail!";
    cout<<endl;
    return 0;
}
```

4.8 块 链 串

题目描述

串是一种特殊的线性表,因此不仅可以采取顺序存储结构来存储串,也可以采用链式存储结构来存储串。因为串的每个元素只有一个字符,当用链式存储结构存储串时,每个结点既可以存放一个字符,也可以存放多个字符。每个结点称为块,这样的存储结构称为块链结构,用块链结构存储的串称为块链串,串"ABCDEFGHIJ"的链式存储,第一个链表的结点大小为 4 ,如图4.1所示设计函数实现块链串,并输出子串在主串中的位置。

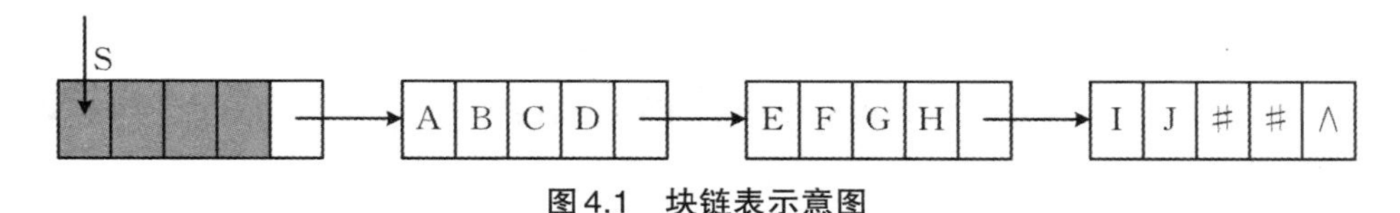

图4.1　块链表示意图

输入格式

创建字符数组作为输入。

输出格式

输出块链串的结果,以#结尾。

输入样例

Anqingshifandaxue

输出样例

The Linkstring is : Anqingshifandaxue#

解题思路

(1) 创建字符数组,用于存储输入的字符串。

(2) 创建块链串的函数,用于实现字符数组转换为块链串的操作。

(3) 根据查找结果输出相应的提示信息。

参考代码

```
#include <iostream>
#include <stdio.h>
#include <stdlib.h>
#include <string.h>
#define LINK_NNM 3          //链表中各个结点存储字符的个数
using namespace std;
```

```
typedef struct link {
    char a[LINK_NNM];  //数据域可存放 LinkNum 个字符
    struct link* next;      //代表指针域,指向直接后继结点
}Link;

                        //初始化链表,其中head为头指针,str为存储的字符串
Link* initLink(Link* head, char str[]) {
    int i, length = strlen(str);
    Link* temp = NULL;
                        //根据字符串的长度,计算出链表中使用结点的个数
    int num = length / LINK_NNM;
    if (length % LINK_NNM) {
        num++;
    }
                        //创建并初始化首元结点
    head = new Link;
    head->next = NULL;
    temp = head;
    //初始化链表
    for (i = 0; i < num; i++)
    {
        int j = 0;
        for (; j < LINK_NNM; j++)
        {
            if (i * LINK_NNM + j < length) {
                temp->a[j] = str[i * LINK_NNM + j];
            }
            else
                temp->a[j] = '#';
        }
        if (i * LINK_NNM + j < length)
        {
            Link* newLink = (Link*)malloc(sizeof(Link));
            newLink->next = NULL;
            temp->next = newLink;
            temp = newLink;
        }
```

```
    }
    return head;
}
                    //输出链表
void displayLink(Link* head) {
    Link* temp = head;
    while (temp) {
        int i;
        for (i = 0; i < LINK_NNM; i++) {
            printf("%c", temp->a[i]);
        }
        temp = temp->next;
    }
}
int main()
{
    Link* head = NULL;
    char s[100];
    cin >> s;
    head = initLink(head, s);
    cout<<"The Linkstring is :";
    displayLink(head);
    return 0;
}
```

提高篇

4.9　病毒感染检测(模式匹配,BP算法)

题目描述

人的DNA和病毒DNA均表示成由一些字母组成的字符串序列。然后检测某种病毒DNA序列是否在患者的DNA序列中出现过,如果出现过,则此人感染了该病毒,否则没有

感染。例如,假设病毒的DNA序列为baa,患者1的DNA序列为aaabbba,则感染,患者2的DNA序列为babbba,则未感染(注意,人的DNA序列是线性的,而病毒的DNA序列是环状的)。

输入格式

第一行输入数字,表示进行检测的字符串数量。

第二行输入字符串。

输出格式

若感染了,则输出"YES"。

若没有感染,则输出"NO"。

输入样例

1

baa bbaabbba

2

cced cdccdcce

bcd aabccdxdxbxa

输出样例

YES

YES

NO

解题思路

本程序的难点是如何找出病毒DNA环状字符串的所有展开字符串。主要步骤如下:

(1) BP算法中子串长度用病毒长度。

(2) strlen函数需要使用头文件＜string.h＞。

(3) 主函数中BF＝＝1后,break跳出循环。

参考代码

略。

4.10 牛牛和字符串(模式匹配,KMP算法)

题目描述

牛牛每天都要做的事就是读书,从书里找自己喜欢的句子,他每天都会去读一本书,如果牛牛今天读的书的某连续k个字符刚好是牛牛喜欢句子的某个前缀,那么牛牛将得到k点兴奋感,但他每天只能注意到一次自己喜欢的句子(也就是每天只能增加一次兴奋感),也就是说他会尽量去找那个让自己兴奋度增加最多的句子,那么,n天之后牛牛总共最多能有多少兴奋感?

输入格式

第一行是一个字符串s(|s|≤1×105)表示牛牛喜欢的字符串。

第二行是一个整数n,表示总共经历了n天(n≤100)第二行是一个整数n,表示总共经历了n天(n≤100)||第二行是一个整数n,表示总共经历了n天(n≤100)。

接下来n行每行一个字符串ti(|ti|≤1×105),分别表示牛牛第i天读的书接下来n行每行一个字符串t_i(|t_i|≤1×10^5),分别表示牛牛第i天读的书接下来n行每行一个字符串ti(|ti|≤1×105),分别表示牛牛第i天读的书。

输出格式

输出这n天来牛牛最大能获得的兴奋感。

输入样例

abcdefg

3

adcabc

xyz

abdefg

输出样例

5

解题思路

本题需要求把牛牛喜欢的字符串s作为模式串(即由j控制的字符串),多组输入的字符串作为文本串(即由i控制的字符串),需要统计匹配到的最长子串,同时将能扫描到的模式串s(即牛牛喜欢的字符串)的最长长度累加输出。

参考代码

```
#include <iostream>
#include <stdio.h>
#include <stdlib.h>
#include <math.h>
#include <string.h>
using namespace std;
#define MAXLEN 20
typedef struct {      //串结构定义
    char ch[MAXLEN];
    int length;
```

```
}SString;
void StrAssign ( SString &S, char cs[ ] )
{
    int i;
    for ( i = 0; cs[ i ] ! = '\0' && i < MAXLEN; i++ )
        S. ch[ i ] = cs[ i ];
    S. length = i;
}
int main()
{
    char s1[100000];
    cin>>s1;
    SString a1;
    StrAssign(a1,s1);
    int n;
    cin>>n;
    int i,j,k;
    int a[n];
    int len1,len2;
    len2=a1. length;
    int f=1,max=0;
    char s[100000];
    for(i=0;i<n;i++)
    {
        a[i]=0;
        max=0;
        cin>>s;
        SString a2;
        StrAssign(a2,s);
        len1=a2. length;
        for(k=0;k<len1;k++)
        {
            if(s[k]==s1[0])
            {
            a[i]=1;
            for(j=1;j<len2;j++)
```

```
                {
                    if(k+j>=len1)break;
                        if(s[k+j]==s1[j])
                        {
                        a[i]++;
                        }else {
                    if(max<a[i])max=a[i];
                    else a[i]=max;
                    break;
                }
                }
                k=j+k-1;
                if(max<a[i])max=a[i];
                else
                    a[i]=max;
                }
            }
        }
        int sum=0;
        for(i=0;i<n;i++)
        {
            sum+=a[i];
        }
        cout<<sum;
        return 0;
    }
```

第5章 数组和广义表

大家知道彩色图像在电脑中是怎么存储的吗？通常以三维数组的形式来表示。具体来说，最外层的维度代表图像的高度（行数），第二层维度代表图像的宽度（列数），而最内层的维度则代表一个像素点的颜色通道数量。也就是每行每列每个像素点都包含红、绿、蓝三种颜色通道的强度值。数组这种数据结构在计算机视觉和图像处理中应用广泛。

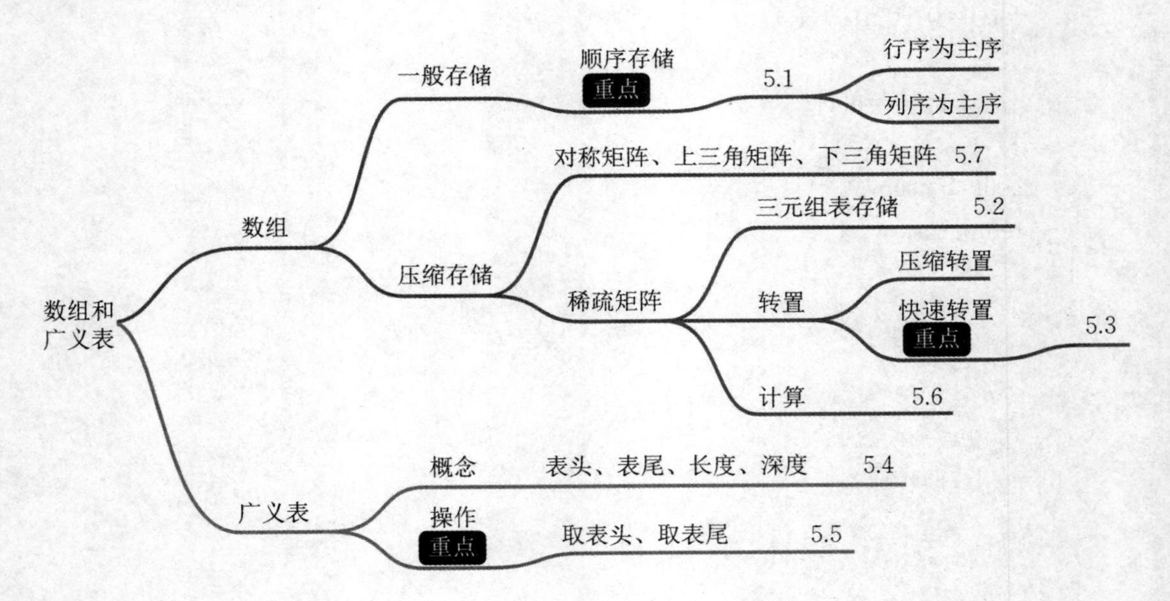

教学目的和教学要求

1. 理解数据、广义表和一般线性表之间的差异。

2. 熟练掌握数组的顺序存储结构和数据元素地址的计算方法和各种特殊矩阵的压缩存储方法。

3. 掌握稀疏矩阵的快速转置算法。

基础篇

5.1　数组的顺序存储

题目描述

一个三行四列数组的顺序存储,实现将一维数组按照顺序存储方式转换为二维数组的功能。其中,要求支持将一维数组以行为主和列为主的方式存储为二维数组,并能够输出转换后的二维数组。

输入格式

以一维数组的形式输入一个三行四列的数组所需要的元素,用"空格"隔开。

输出格式

分别以行为主序和以列为主序输出二维数组。

输入样例

请输入一维数组的元素:

1 2 3 4 5 6 7 8 9 10 11 12

输出样例

请输入一维数组的元素:

1 2 3 4 5 6 7 8 9 10 11 12

以行为主的二维数组:

1 2 3 4

5 6 7 8

9 10 11 12

以列为主的二维数组:

1 5 9

2 6 10

3 7 11

4 8 12

解题思路

(1) 以行为主的方式将一维数组转换为二维数组。我们可以使用两个嵌套的循环,将一维数组中的前 MAX_COL 个元素存储在第一行中,接着将下一个 MAX_COL 个元素存储在第二行中,以此类推,直到所有元素都被存储在二维数组中。

(2) 以列为主的方式将一维数组转换为二维数组。同样地,我们可以使用两个嵌套的循环,将一维数组中的前 MAX_ROW 个元素存储在第一列中,接着将下一个 MAX_ROW 个元素存储在第二列中,以此类推,直到所有元素都被存储在二维数组中。

参考代码

```
#include <iostream>
using namespace std;
const int MAX_ROW = 3;
const int MAX_COL = 4;
struct Array2D {
  int data[MAX_ROW][MAX_COL];
  void convertToRowMajor(int oneDArray[MAX_ROW * MAX_COL]) {
    for (int i = 0; i < MAX_ROW; i++) {
      for (int j = 0; j < MAX_COL; j++) {
        data[i][j] = oneDArray[i * MAX_COL + j];
      }
    }
  }
  void printArrayByRow() {
    cout << "以行为主的二维数组:" << endl;
    for (int i = 0; i < MAX_ROW; i++) {
      for (int j = 0; j < MAX_COL; j++) {
        cout << data[i][j] << " ";
      }
      cout << endl;
    }
  }
  void printArrayByColumn() {
    cout << "以列为主的二维数组:" << endl;
```

```
            for (int j = 0; j < MAX_COL; j++) {
                for (int i = 0; i < MAX_ROW; i++) {
                    cout << data[i][j] << " ";
                }
                cout << endl;
            }
        }
    }
    int main() {
        int oneDArray[MAX_ROW * MAX_COL];
        // 输入一维数组的元素
        cout << "请输入一维数组的元素:" << endl;
        for (int i = 0; i < MAX_ROW * MAX_COL; i++) {
            cin >> oneDArray[i];
        }
        // 定义一个结构体变量并将一维数组转换为以行为主的二维数组
        Array2D arr;
        arr. convertToRowMajor(oneDArray);
        // 以行为主输出二维数组
        arr. printArrayByRow();
        // 以列为主输出二维数组
        arr. printArrayByColumn();

        return 0;
    }
```

5.2　三元组排序

题目描述

给定一组三元组(Triple)数据,每个三元组包含三个整数。请设计一个函数,对给定的三元组进行排序,并按照元素的升序输出排序结果。

输入格式

先输入三元组个数。

再输入三个数字代表三元组,中间用“空格”隔开,输入三行,行之间用”回车“隔开。

输出格式

输出格式与输入格式相同,是变换后的三元组。

输入样例

请输入三元组的个数:3

请输入第1个三元组的行下标、列下标和值:3 1 2

请输入第2个三元组的行下标、列下标和值:2 3 1

请输入第3个三元组的行下标、列下标和值:1 2 3

输出样例

1 2 3

2 3 1

3 1 2

解题思路

(1) 可以使用标准库中的排序函数std::sort进行排序。

(2) 可以比较两个三元组的元素来确定它们的顺序。

参考代码

```
#include <iostream>
#include <vector>
#include <algorithm>
using namespace std;
typedef struct {
  int row,col;        // 该非零元素的行下标,列下标
  int e;              // 该非零元素的值
}Triple;
bool compareTriple(const Triple& t1, const Triple& t2) {
  if (t1.row != t2.row)
    return t1.row < t2.row;
  return t1.col < t2.col;
}
void sortTriple(vector<Triple>& triples) {
  sort(triples.begin(), triples.end(), compareTriple);
}
int main() {
  vector<Triple> triples;
  Triple temp;
```

```
    int n;
    cout << "请输入三元组的个数:";
    cin >> n;
    for (int i = 0; i < n; ++i) {
      cout << "请输入第" << i+1 << "个三元组的行下标、列下标和值:";
      cin >> temp.row >> temp.col >> temp.e;
      triples.push_back(temp);
    }
    sortTriple(triples);
    for (vector<Triple>::const_iterator it = triples.begin(); it != triples.end();
++it) {
      cout << it->row << " " << it->col << " " << it->e << endl;
    return 0;
}
```

5.3　稀疏矩阵的转置

题目描述

三元组顺序表表示的稀疏矩阵转置。

输入格式

输入第1行为矩阵行数m、列数n及非零元素个数t。

按行优先顺序依次输入t行,每行3个数,分别表示非零元素的行标、列标和值。

输出格式

输出转置后的三元组顺序表结果,每行输出非零元素的行标、列标和值,行标、列标和值之间用空格分隔,共t行。

输入样例

```
7 6 8
1 1 10
1 4 2
2 3 3
2 5 11
3 4 5
5 1 8
```

5 6 4
6 2 1
输出样例
1 1 10
1 5 8
2 6 1
3 2 3
4 1 2
4 3 5
5 2 11
6 5 4

解题思路

(1) 定义原始矩阵和转置矩阵的维度。

(2) 创建原始矩阵和转置矩阵的二维数组,并初始化它们的元素。

(3) 使用嵌套循环遍历原始矩阵的行和列。

(4) 将原始矩阵的元素复制到转置矩阵对应的位置上,即将原始矩阵的第i行第j列的元素复制到转置矩阵的第j行第i列的位置上。

(5) 输出转置矩阵的内容。

参考代码

```
#include <iostream>
#include <stdlib.h>
#include <stdio.h>
using namespace std;
#define MAXSIZE 100                    /*非零元素的个数最多为100*/
typedef int ElementType;
typedef struct{
    int row, col;                      /*该非零元素的行下标和列下标*/
    ElementType e;                     /*该非零元素的值*/
}Triple;
typedef struct{
    Triple data[MAXSIZE+1];            /* 非零元素的三元组表。data[0]未用*/
    int m, n, len;                     /*矩阵的行数、列数和非零元素的个数*/
}TSMatrix;
void FastTransposeTSMatrix(TSMatrix A, TSMatrix &B){
/*基于矩阵的三元组表示,采用快速转置法,将矩阵A转置为B所指的矩阵*/
```

```
        int col, t, p, q;
        int num[MAXSIZE], position[MAXSIZE];
        B.len= A.len ; B.n= A.m ; B.m= A.n ;
        if(B.len)
        {
            for(col=1;col<=A.n;col++)
                num[col]=0;
            for(t=1;t<=A.len;t++)
                num[A.data[t].col]++;        /*计算每一列的非零元素的个数*/
            position[1]=1;
            for(col=2;col<=A.n;col++)
            /*求col列中第一个非零元素在B.data[ ]中的正确位置*/
              position[col]=position[col-1]+num[col-1];
            for(p=1;p<=A.len;p++)
            {
                col=A.data[p].col;
                q=position[col];
                B.data[q].row=A.data[p].col;
                B.data[q].col=A.data[p].row;
                B.data[q].e=A.data[p].e;
                position[col]++;
            }
        }
    }
    int main(){
        //声明一个稀疏矩阵
        TSMatrix M;
        int i=0,j=0;

        //通过输入构造一个稀疏矩阵
        cin>>M.m>>M.n>>M.len;
        for(i=0;i<M.len;i++)
            cin>>M.data[i+1].row>>M.data[i+1].col>>M.data[i+1].e;  //想
想为什么是i+1?
        //稀疏矩阵的转置
        TSMatrix MM;                          //转置后的矩阵
```

```
    FastTransposeTSMatrix(M,MM);//快速转置算法
    for(i=0;i<MM.len;i++)
        cout<<MM.data[i+1].row<<" "<<MM.data[i+1].col<<" "<<
MM.data[i+1].e<<endl;

    return 0;
}
```

5.4　实现广义表的基本操作

题目描述

一个广义表的基本操作,包括创建广义表、求广义表长度和打印广义表的功能。

输入格式

用英文字母,",","("输入广义表。

输出格式

第一行输出广义表长度。

第二行打印广义表。

输入样例

(a,b,(c,d,e),f)

输出样例

广义表长度:8

打印广义表:((a,b,(c,d,e),f))

解题思路

(1) 定义广义表的数据结构。可以使用链表来表示广义表的结点,每个结点包含一个数据元素和一个指向下一个结点的指针。结点的数据元素可以是一个字符表示原子元素,或者是一个指向子表的指针。

(2) 创建广义表的函数。可以设计一个递归函数,根据输入的字符串创建广义表。遍历输入字符串,根据字符的类型判断是原子元素还是子表,递归创建子表。

(3) 求广义表长度的函数。可以设计一个递归函数,遍历广义表的结点,每遍历一个结点,长度加1。对于子表结点,递归计算子表的长度并累加到总长度中。

(4) 打印广义表的函数。可以设计一个递归函数,遍历广义表的结点,根据结点的类型打印相应的内容。对于原子元素结点,直接打印元素值;对于子表结点,递归打印子表的内容。

参考代码

略。

5.5　广义表取表尾

题目描述

一个C语言代码，实现对广义表的取表尾操作，以便更好地理解和操作广义表的基本概念和操作。

输入格式

用英文字母，","，"(" 输入广义表。

输出格式

(1) 打印输入的广义表。

(2) 打印表尾。

输入样例

(a,(a,b),((a,b),c))

输出样例

广义表为:(a,(a,b),((a,b),c))

表尾为:((a,b),((a,b),c))

解题思路

广义表是一种扩展了线性表的数据结构，可以包含其他广义表作为元素，因此需要使用递归的方式来处理广义表的结构。对于广义表的取表头操作，可以通过判断广义表的第一个元素是一个单独的元素还是一个广义表来实现。如果是单独的元素，则直接返回该元素；如果是广义表，则返回该广义表的第一个元素。对于取表尾操作，可以直接返回广义表除去第一个元素之后的部分。

参考代码

```
#include <iostream>
#include <cstdlib>
using namespace std;
typedef char DataType;
// 广义表结点类型的定义
typedef struct GLNode {
   int flag;      // 结点类型表示
```

```
    union {
        DataType data;
        struct GLNode* sublist;
    } value;
    struct GLNode* next;                    // 指向下一个元素
} GLNode;
GLNode* copyGL(GLNode* p) {
    GLNode* q;
    if (NULL == p)
        return NULL;
    q = (GLNode*)malloc(sizeof(GLNode));
    q->flag = p->flag;
    if (1 == p->flag)
        q->value.sublist = copyGL(p->value.sublist);
    else
        q->value.data = p->value.data;
    q->next = copyGL(p->next);
    return q;
}
GLNode* createGL(char** s) {
    GLNode* h;
    char ch;
    ch = **s;                               // 取一个扫描字符
    (*s)++;                                 // 串指针向后移动一位
    if ('\0' != ch)                         // 串未结束标识
    {
        h = (GLNode*)malloc(sizeof(GLNode));// 创建一个新结点
        if ('(' == ch)                      // 当前字符为左括号
        {
            h->flag = 1;                    // 新结点为表头结点
            h->value.sublist = createGL(s); // 递归构造子表并链接到表头结点上
        } else if (')' == ch)               // 当前字符为右括号
        {
            h = NULL;
        } else {
            h->flag = 0;                    // 新结点为原子结点
```

```
            h->value.data = ch;
        }
    } else                                      // 串结束,子表为空
        h = NULL;
    ch = **s;
    (*s)++;
    if (h != NULL) {
        if (',' == ch) {
            h->next = createGL(s);
        } else {
            h->next = NULL;
        }
    }
    return h;
}
void displayGL(GLNode* g) {
    if (NULL != g)                              // 表不为空
    {
        if (1 == g->flag)                       // 为表结点
        {
            cout << "(";
            if (NULL == g->value.sublist)
                cout << "";                     // 输出空子表
            else
                displayGL(g->value.sublist);    // 递归输出子表
        } else {
            cout << g->value.data;
        }
        if (1 == g->flag)
            cout << ")";
        if (g->next != NULL) {
            cout << ",";
            displayGL(g->next);
        }
    }
}
```

```
GLNode* getTail(GLNode* g) {
    GLNode* p = g->value.sublist;
    GLNode* q, * t;
    if (NULL == g) {
        cout << "空表不能求表尾\n";
        return NULL;
    } else if (0 == g->flag) {
        cout << "原子不能求表尾\n";
        return NULL;
    }
    p = p->next;
    t = new GLNode;
    t->flag = 1;
    t->next = NULL;
    t->value.sublist = p;
    q = copyGL(t);
    free(t);
    return q;
}
void test() {
    char s[] = "(a,(a,b),((a,b),c))";
    char* ps = s;
    GLNode* gl = createGL(&ps);
    cout << "广义表为:";
    displayGL(gl);
    cout << "\n";
    GLNode* tail1 = getTail(gl);
    cout << "表尾为:";
    displayGL(tail1);
    cout << "\n";
}
int main() {
    test();
    return 0;
}
```

提高篇

5.6　稀疏矩阵相加

题目描述

给定两个稀疏矩阵$\boldsymbol{A}$和$\boldsymbol{B}$，请编写一个程序，计算它们的和$\boldsymbol{C}=\boldsymbol{A}+\boldsymbol{B}$。稀疏矩阵中的绝大部分元素为零，只有少数非零元素。

稀疏矩阵的相加规则是：对于矩阵$\boldsymbol{C}$中的每一个非零元素$C[i][j]$，其值等于矩阵$\boldsymbol{A}$中对应位置的元素$A[i][j]$和矩阵$\boldsymbol{B}$中对应位置的元素$B[i][j]$的和。

注意：输入的矩阵是用三元组表示的。

输入格式

(1) 输入矩阵$\boldsymbol{A}$的行数，列数和非零元素个数(m n num)。

(2) 再输入矩阵$\boldsymbol{A}$的三元组表示。

重复1，2输入矩阵$\boldsymbol{B}$。

输出格式

输出矩阵$\boldsymbol{C}=\boldsymbol{A}+\boldsymbol{B}$的三元组表示。

输入样例

请输入矩阵$\boldsymbol{A}$的行数、列数和非零元素个数(m n num)：3 3 4

请输入矩阵$\boldsymbol{A}$的三元组表示(row col value)：

0 0 2

1 1 1

2 2 3

2 0 4

请输入矩阵$\boldsymbol{B}$的行数、列数和非零元素个数(m n num)：3 3 3

请输入矩阵$\boldsymbol{B}$的三元组表示(row col value)：

0 0 3

1 1 2

2 2 1

输出样例

矩阵$\boldsymbol{C}=\boldsymbol{A}+\boldsymbol{B}$的三元组表示：

0 0 5

1 1 3

2 2 4

2 0 4

解题思路

稀疏矩阵通常使用三元组进行存储,其中每个非零元素需要记录其所在的行、列和值。我们可以利用这种存储方式进行矩阵的相加。

具体的做法是:

(1) 创建一个新的矩阵***C***,并将其初始化为空矩阵。

(2) 遍历矩阵***A***的每个非零元素,将其添加到矩阵***C***中。

(3) 遍历矩阵***B***的每个非零元素,将其添加到矩阵***C***中。

(4) 如果矩阵***C***中存在相同位置的非零元素,则将它们的值相加,并更新对应位置的元素值。

(5) 返回矩阵***C***的三元组表示。

注意:为方便起见,可以定义一个结构体来表示稀疏矩阵的三元组。

参考代码

```
#include <iostream>
#include <vector>
using namespace std;
struct Triple {
    int row;
    int col;
    int value;
};
vector<Triple> addSparseMatrices(int dimRow, int dimCol, int numA, vector<Triple
> A, int numB, vector<Triple> B, int* numC) {
    int maxNum = numA + numB;
    vector<Triple> C(maxNum);
    int i, j, k;
    int indexA = 0;
    int indexB = 0;
    *numC = 0;
    while (indexA < numA && indexB < numB) {
        if (A[indexA]. row < B[indexB]. row || (A[indexA]. row == B[indexB]. row
&& A[indexA]. col < B[indexB]. col)) {
            C[*numC] = A[indexA];
            indexA++;
```

```
        } else if (A[indexA].row > B[indexB].row || (A[indexA].row == B[indexB].
row && A[indexA].col > B[indexB].col)) {
            C[*numC] = B[indexB];
            indexB++;
        } else {
            C[*numC] = A[indexA];
            C[*numC].value += B[indexB].value;
            indexA++;
            indexB++;
        }
        (*numC)++;
    }
    while (indexA < numA) {
        C[*numC] = A[indexA];
        (*numC)++;
        indexA++;
    }
    while (indexB < numB) {
        C[*numC] = B[indexB];
        (*numC)++;
        indexB++;
    }
    C.resize(*numC);
    return C;
}
void printSparseMatrix(vector<Triple> matrix) {
    int i;
    for (i = 0; i < matrix.size(); i++) {
        cout << matrix[i].row << " " << matrix[i].col << " " << matrix[i].value
<< endl;
    }
}
int main() {
    int dimRowA, dimColA, numA;
    cout << "请输入矩阵 A 的行数、列数和非零元素个数(m n num):";
    cin >> dimRowA >> dimColA >> numA;
```

```
    vector<Triple> matrixA(numA);
    cout << "请输入矩阵 A 的三元组表示(row col value):" << endl;
    int i;
    for (i = 0; i < numA; i++) {
        cin >> matrixA[i].row >> matrixA[i].col >> matrixA[i].value;
    }
    int dimRowB, dimColB, numB;
    cout << "请输入矩阵 B 的行数、列数和非零元素个数(m n num):";
    cin >> dimRowB >> dimColB >> numB;
    vector<Triple> matrixB(numB);
    cout << "请输入矩阵 B 的三元组表示(row col value):" << endl;
    for (i = 0; i < numB; i++) {
        cin >> matrixB[i].row >> matrixB[i].col >> matrixB[i].value;
    }
    if (dimRowA != dimRowB || dimColA != dimColB) {
        cout << "输入的矩阵维度不匹配,无法相加。" << endl;
        return 0;
    }
    int numC;
    vector<Triple> matrixC = addSparseMatrices(dimRowA, dimColA, numA, matrixA, numB, matrixB, &numC);
    cout << "矩阵 C = A + B 的三元组表示:" << endl;
    printSparseMatrix(matrixC);
    return 0;
}
```

5.7 上三角矩阵的乘法

题目描述

设计一个函数multiply_matrices,该函数接收两个上三角矩阵$\boldsymbol{A}$和$\boldsymbol{B}$以及它们的大小n,计算它们的乘积C,并将结果存储在二维数组中。函数应该返回一个指向结果数组的指针。

输入格式

(1) 输入矩阵维数。

（2）依次以一维数组形式输入上三角矩阵 ***A***，***B***。

输出格式

以二维数组输出 A，B，C（C=A*B）。

输入样例

Enter the size of the matrices：3

Enter the elements of matrix A（upper triangular）：

1 2 3 4 5 6

Enter the elements of matrix B（upper triangular）：

6 5 4 3 2 1

输出样例

Matrix A：

1 2 3

0 4 5

0 0 6

Matrix B：

6 5 4

0 3 2

0 0 1

Matrix C = A * B：

6 11 11

0 12 13

0 0 6

解题思路

（1）首先需要定义一个常量MAX_SIZE来表示矩阵的最大大小，以便在定义二维数组时使用。

（2）在multiply_matrices函数中，定义一个二维数组 c 来存储结果。由于 ***C*** 也是上三角矩阵，因此只需要存储上三角部分即可。在函数中，使用三重循环来计算矩阵乘积，其中第一重循环遍历矩阵的行，第二重循环遍历矩阵的列，第三重循环遍历元素的位置。由于 ***A*** 和 ***B*** 都是上三角矩阵，因此第三重循环只需遍历 i 到 j 这个范围即可。每次计算乘积时，需要将 A 和 B 中相应位置的元素相乘并累加到sum中，最后将sum赋值给 C 的相应位置。

（3）在函数的末尾，需要返回一个指向结果数组的指针。由于 C 是在函数内部定义的局部变量，因此需要使用动态内存分配来分配存储 C 的空间。在分配空间时，应该先检查是否成功分配了足够的空间，如果没有，则应该返回NULL。

（4）最后，需要注意函数的错误处理。例如，如果输入的矩阵大小超过了MAX_SIZE，函数应该返回NULL。此外，如果输入的 A 或 B 不是上三角矩阵，函数也应该返回NULL。

参考代码

```
#include <iostream>
using namespace std;
const int MAX_SIZE = 100;
void multiply_matrices (int a [][MAX_SIZE], int b [][MAX_SIZE], int c []
[MAX_SIZE], int n);
int main(){
    int n;
    int a[MAX_SIZE][MAX_SIZE], b[MAX_SIZE][MAX_SIZE], c[MAX_SIZE]
[MAX_SIZE];
    cout << "Enter the size of the matrices: ";
    cin >> n;
    cout << "Enter the elements of matrix A (upper triangular):" << endl;
    for (int i = 0; i < n; i++)
        for (int j = i; j < n; j++)
            cin >> a[i][j];
    cout << "Enter the elements of matrix B (upper triangular):" << endl;
    for (int i = 0; i < n; i++)
        for (int j = i; j < n; j++)
            cin >> b[i][j];
    multiply_matrices(a, b, c, n);
    cout << "Matrix A:" << endl;
    for (int i = 0; i < n; i++){
        for (int j = 0; j < n; j++)
            if (j < i)
                cout << "0 ";
            else
                cout << a[i][j] << " ";
        cout << endl;
    }
    cout << "Matrix B:" << endl;
    for (int i = 0; i < n; i++){
        for (int j = 0; j < n; j++)
            if (j < i)
                cout << "0 ";
```

```
            else
                cout << b[i][j] << " ";
        cout << endl;
    }
    cout << "Matrix C = A * B:" << endl;
    for (int i = 0; i < n; i++)
        for (int j = 0; j < n; j++)
            if (j < i)
                cout << "0 ";
            else
                cout << c[i][j] << " ";
        cout << endl;
    return 0;
}
void multiply_matrices (int a [] [MAX_SIZE] , int b [] [MAX_SIZE] , int c []
[MAX_SIZE], int n)
{
        //请设计相乘函数!
}
```

参考答案

```
void multiply_matrices (int a [] [MAX_SIZE] , int b [] [MAX_SIZE] , int c []
[MAX_SIZE], int n){
    for (int i = 0; i < n; i++)
        for (int j = i; j < n; j++){
            int sum = 0;
            for (int k = i; k <= j; k++)
                sum += a[i][k] * b[k][j];
            c[i][j] = sum;
        }
}
```

第6章　树和二叉树

2021年6月11日,国家航天局公布了由祝融号火星车拍摄的影像图,标志着我国首次火星探测任务取得圆满成功。“相对于地球的近邻月球,火星的距离实属遥远。想要让火星车探测到的各类图像和数据看得清、收得回,数据压缩必不可少。地球与火星距离最远4亿千米,最近时也有近6000万千米。因为能量的损耗是与传输距离的平方成反比的,这样就意味着信号衰减很厉害,信噪比就很低了,有效传输速率很低。”祝融号火星车如果向地球直接传输一张高清彩色照片理论上需要半个月时间,基于火星车直接对地通信能力完成一张高清照片传输需要8个小时的数据传输,而受火星自转影响地火直接通信窗口每天只有半个小时,一幅640×640的灰度图像,如果直接进行图像传输,需要113天!西安电子科技大学李云松教授图像传输与处理团队,很好地解决了天问一号火星探测中多个科学载荷的图像和数据压缩任务,本章中的哈夫曼编码就是图像和数据压缩的经典算法之一。

思维导图

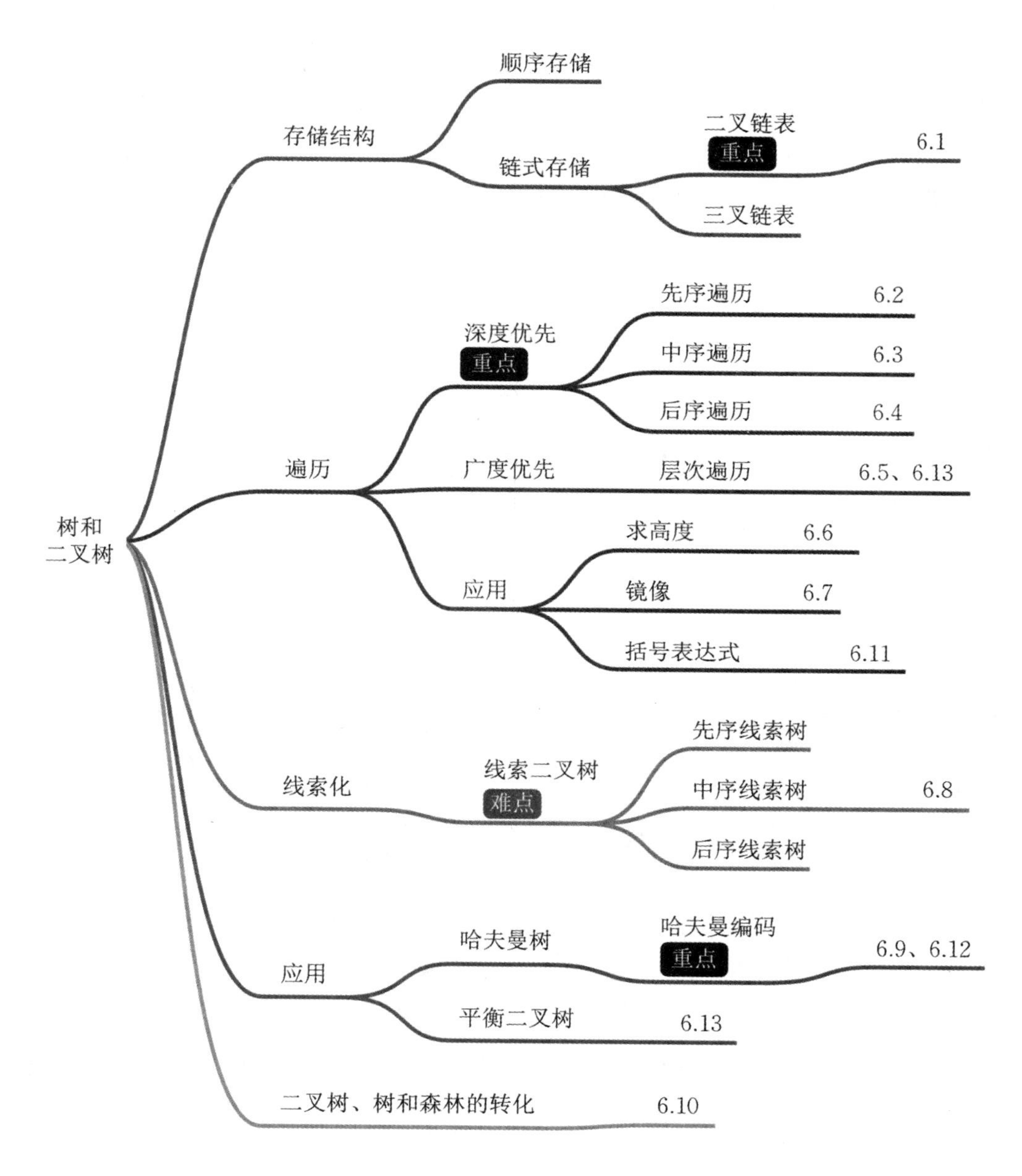
树和
二叉树
存储结构
顺序存储
链式存储
二叉链表
重点
6.1
三叉链表
遍历
深度优先
重点
先序遍历
6.2
中序遍历
6.3
后序遍历
6.4
广度优先
层次遍历
6.5、6.13
应用
求高度
6.6
镜像
6.7
括号表达式
6.11
线索化
线索二叉树
难点
先序线索树
中序线索树
6.8
后序线索树
应用
哈夫曼树
哈夫曼编码
重点
6.9、6.12
平衡二叉树
6.13
二叉树、树和森林的转化
6.10

教学目的和教学要求

1. 熟练掌握二叉树的二叉链表存储方法。
2. 熟练掌握二叉树的各种遍历,并能灵活运用遍历算法实现二叉树的基本运算。
3. 掌握二叉树的线索化及相应算法。
4. 掌握树和森林与二叉树的转换方法。
5. 掌握建立最优树和哈夫曼编码的方法。

基础篇

6.1 先序构建二叉树

题目描述

编一个程序,读入用户输入的一串先序遍历字符串,根据此字符串建立一个二叉树(以二叉链表存储)。例如如下的先序遍历字符串:ABD##FE###CG#H##I##,其中"#"表示一棵空树,其构建的二叉树如图6.1所示。然后先序输出二叉树中所有结点的值。

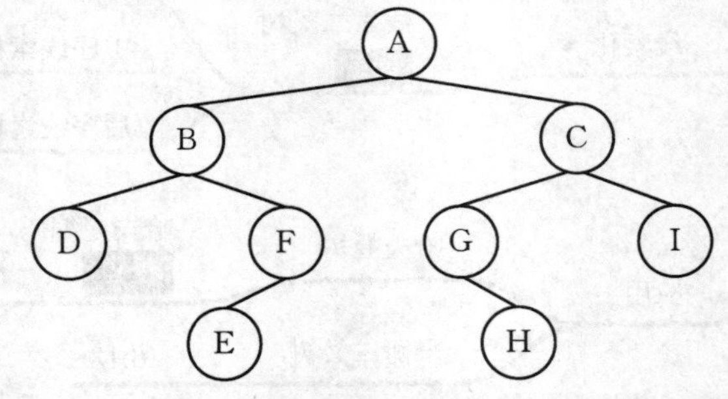

图6.1 ABD##FE###CG#H##I##构建的二叉树示意图

输入格式

以字母和"#"来表示结点和空结点。

输出格式

字母输出结点,不输出空结点。

输入样例

ABD##FE###CG#H##I##

输出样例

ABDFECGHI

参考代码

```
#include <iostream>
using namespace std;
typedef struct BiTNode
{
    char data;
    struct BiTNode *lchild;
    struct BiTNode *rchild;
}BiTNode,*BiTree;
void CreateBiTree(BiTree &T){
    char ch;
    cin >> ch;
    if(ch=='#') T=NULL;
    else{
        T=new BiTNode;
        T->data=ch;
        CreateBiTree(T->lchild);
        CreateBiTree(T->rchild);
    }
}
int PreOrder( BiTree T )            //先序遍历输出叶子结点
    if(T)
    {
        cout<<T->data;              //访问T
        PreOrder(T->lchild);        //递归遍历左子树
        PreOrder(T->rchild);        //递归遍历右子树
    }
    return 1;
}
int main() {
    BiTree Tree;
    CreateBiTree(Tree);             //创建二叉树
    PreOrder(Tree);
    return 0;
}
```

6.2 先序输出所有二度结点的值

题目描述

先序输出一棵二叉树中所有二度结点的值,如图6.2所示的二叉树,结果为AD。

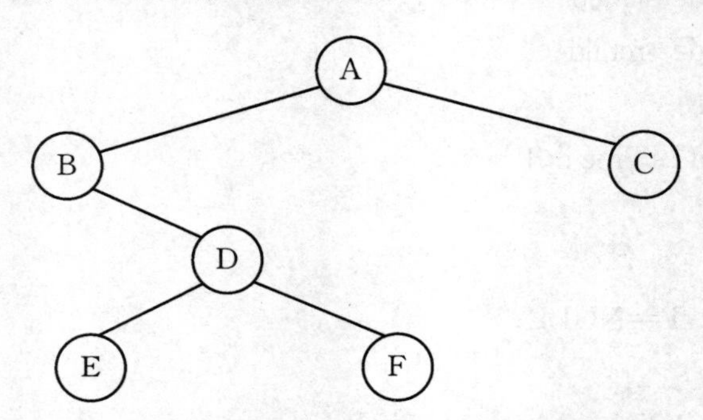

图6.2 AB#DE##F##C##构建的二叉树示意图

输入格式

以字母和"#"来表示结点和空结点。

输出格式

字母输出结点,不输出空结点。

输入样例

AB#DE##F##C##

输出样例

AD

参考代码

```
int PreOrder2(BiTree T){
    if(T==NULL) return 0;
    if(T->lchild&&T->rchild)
        cout<<T->data;
    PreOrder2(T->lchild);
    PreOrder2(T->rchild);
    return 1;
}
```

6.3 中序逆序遍历

题目描述

完成如下函数体，给定一棵二叉树，按照二叉树中序逆序的顺序打印所有的结点。二叉树样例如图6.3所示。

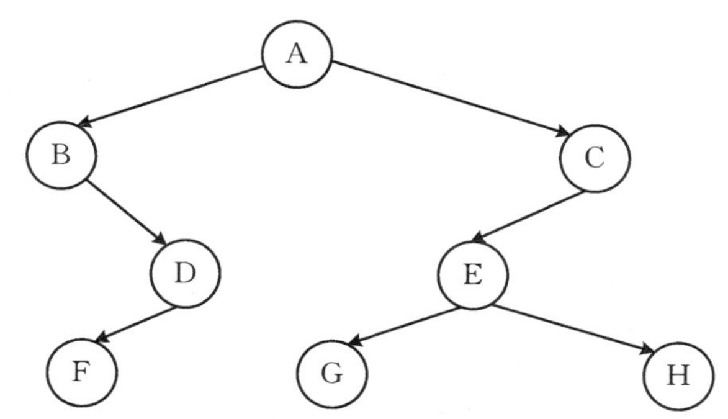

图6.3 AB#DF###CEG##H###构建的二叉树示意图

输入格式

以字母和“#”来表示结点和空结点。

输出格式

字母输出结点，不输出空结点。

输入样例

AB#DF###CEG##H###

输出样例

CHEGADFB

解题思路

二叉树的中序逆序遍历的思路是：先访问右子树，再访问根结点，最后访问左子树。

参考代码

```
Status InOrderReverse(BiTree T)          //按中序次序(递归)访问二叉树
{
    if(T)
    {
        InOrder(T->rchild);              //递归遍历右子树
        cout<<T->data;                   //访问T
        InOrder(T->lchild);              //递归遍历左子树
```

```
    }
    return OK;
}
```

6.4　统计二叉树度为1的结点个数

题目描述

完成如下代码填空题,计算二叉树中度为1的结点个数。如图6.4所示的二叉树,其1度结点个数为1。

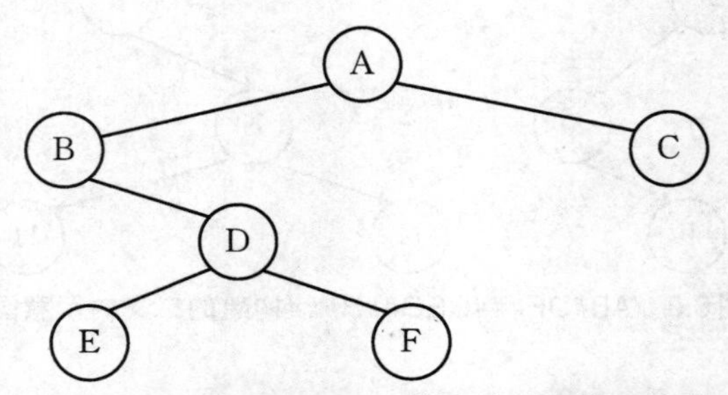

图6.4　AB#DE##F##C##构建的二叉树示意图

输入格式

以字母和"#"来表示结点和空结点。

输出格式

字母输出结点,不输出空结点。

输入样例

AB#DE##F##C##

输出样例

1

解题思路

统计度为1的结点是一个递归函数,可以用全局变量或者返回值来实现,可以先计算出左子树和右子树上的一度结点数,再判断当前根结点是否为一度结点,再相加。

参考代码

```
#include <iostream>
using namespace std;
typedef struct BiNode{
    char data;
```

```
    struct BiNode *lchild,*rchild;
}BiTNode,*BiTree;
int NodeCount(BiTree T){
    if(    ①    ) return 0;
    int m = (    ②    );          //左子树上一度结点数
    int n = (    ③    );          //右子树上一度结点数
    if((T->lchild==NULL&&T->rchild!=NULL)||(    ④    ))
        return (    ⑤    );
    else
        return (    ⑥    );
}
int main(){
    BiTree T;
    CreateBiTree(T);
    cout<<NodeCount(T);
    return 0;
}
```

参考答案

略。

6.5　层次遍历

题目描述

给定一个二叉树,返回该二叉树层序遍历的结果(从左到右,一层一层地遍历)。

输入格式

以字母和“#”来表示结点和空结点。

输出格式

字母输出结点,不输出空结点。

输入样例

ABD##E##CF##G##

输出样例

ABCDEFG

解题思路

二叉树的层次遍历就是按照从上到下每行,然后每行中从左到右依次遍历,得到的二叉树的元素值。对于层次遍历,我们通常会使用队列来辅助:因为队列是一种先进先出的数据结构,我们依照它的性质,如果从左到右访问完一行结点,并在访问的时候依次把它们的子结点加入队列,那么它们的子结点也是从左到右的次序,且排在本行结点的后面,因此队列中出现的顺序正好也是从左到右,正好符合层次遍历的特点。

参考代码

```
#include <stdlib.h>
#include <string.h>
#include <iostream>
#include <queue>
#define ERROR 0
#define OK 1
using namespace std;
typedef char DataType;
typedef struct BiTNode{
    DataType data;
    BiTNode *lchild;
    BiTNode *rchild;
}BiTNode, *BiTree;
void CreateBiTree(BiTree &T){
    char ch;
    cin >> ch;
    if(ch=='#') T=NULL;
    else{
        T=new BiTNode;
        T->data=ch;
        CreateBiTree(T->lchild);
        CreateBiTree(T->rchild);
    }
}
int levelOrderTraversal(BiTree root) {
    if(root==NULL)
        return ERROR;
    queue<BiTNode*> q;
```

```
        q.push(root);
        while(! q.empty()) {
            BiTNode* node = q.front();
            q.pop();
            cout << node->data;
            if (node->lchild) q.push(node->lchild);
            if (node->rchild) q.push(node->rchild);
        }
        cout << endl;
        return OK;
}
int main() {
        BiTree root;
        CreateBiTree(root);          //创建二叉树
        levelOrderTraversal(root);
        return 0;
}
```

6.6　二叉树的高度

题目描述

编写递归函数,求一棵二叉树的高度。

输入格式

以字母和“#”来表示结点和空结点。

输出格式

二叉树的高度。

输入样例

AB##CDE##F###

输出样例

4

解题思路

如图6.5所示,以B为根结点的左子树的高度为1,以C为根结点的右子树高度为3,以A为根结点的二叉树的高度为左子树和右子树高度较大值加一,即4。因此,求树的高度是一

个典型的后序遍历算法。

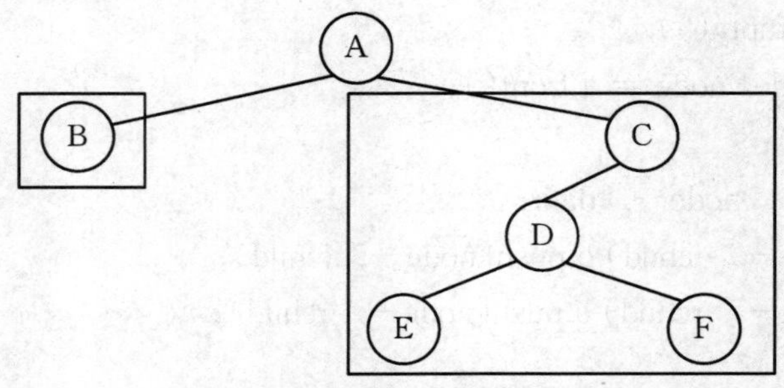

图6.5　求二叉树高度示意图

参考代码

略。

6.7　交换二叉树中每个结点的左孩子和右孩子

题目描述

以二叉链表作为二叉树的存储结构,交换二叉树中每个结点的左孩子和右孩子,如图6.6所示。

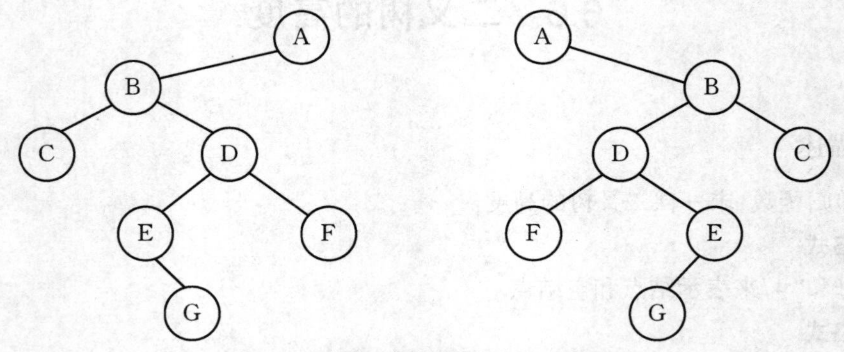

图6.6　交换二叉树左右孩子示意图

输入格式

以字母和"#"来表示结点和空结点。

输出格式

首先输出中序遍历结果,再输出交换后的中序遍历结果。

输入样例

ABC##DE#G##F###

输出样例

交换前的中序遍历结果为C B E G D F A

交换后的中序遍历结果为A F D G E B C

解题思路

(1) 定义二叉树结点结构,包括数据、左右孩子结点指针。

(2) 创建二叉树的函数,使用递归方式根据先序遍历字符串构造二叉树。如果遇到字符‘#’,表示空树,返回 NULL;否则,创建一个新结点,将当前字符作为结点的数据,然后递归构造左子树和右子树。

(3) 实现交换二叉树中每个结点的左孩子和右孩子的函数。对于当前结点,交换其左右孩子结点;然后递归交换左子树和右子树的结点。

(4) 中序遍历二叉树的函数,使用递归方式进行中序遍历。先左子树递归遍历,然后输出当前结点的数据,最后右子树递归遍历。

(5) 主函数中,首先获取用户输入的先序遍历字符串。然后定义一个索引变量 index,用于指示当前处理的字符在先序遍历字符串中的位置。调用创建二叉树的函数,将先序遍历字符串和索引传入,返回创建好的二叉树的根结点。接着输出交换前的中序遍历结果。然后调用交换二叉树结点的函数。最后输出交换后的中序遍历结果。

参考代码

略。

6.8　线索二叉树

题目描述

完成如下代码填空题,实现线索二叉树中序线索化及遍历。

参考代码

```
#include <iostream>
using namespace std;
typedef struct BiThrNode{
   char data;
   struct BiThrNode *lchild,*rchild;
   int LTag,RTag;
}BiThrNode,*BiThrTree;
BiThrNode *pre=new BiThrNode;
void CreateBiTree(BiThrTree &T){
   char ch;
```

```
    cin >> ch;
    if(ch=='#') T=NULL;
    else{
      T=new BiThrNode;
      T->data=ch;
      CreateBiTree(T->lchild);
      CreateBiTree(T->rchild);
    }
  }
void InThreading(BiThrTree p){
      if(p){
            InThreading(p->lchild);
            if(! p->lchild){
            (      ①      );
            (      ②      );
            }
            else
                  p->LTag=0;
            if(! pre->rchild){
            (      ③      );
            (      ④      );
        }
            else
                  pre->RTag=0;
            (      ⑤      );
            InThreading(p->rchild);
    }
  }
void InOrderTraverse_Thr(BiThrTree T)
  {
      BiThrTree p;
      p=T;
            while(p){
            while(p->LTag==0)
                  (      ⑥      );
            cout<<p->data;
```

```
        while(p->RTag==1){
            (    ⑦    );
            cout<<p->data;
        }
        (    ⑧    );
    }
}
int main()
{
    pre->RTag=1;
    pre->rchild=NULL;
    BiThrTree tree;
    CreateBiTree(tree);
    InThreading(tree);
    InOrderTraverse_Thr(tree);
    return 0;
}
```

参考答案

① p->LTag=1
② p->lchild=pre
③ pre->RTag=1
④ pre->rchild=p
⑤ pre=p
⑥ p=p->lchild
⑦ p=p->rchild
⑧ p=p->rchild

6.9　电商配货

题目描述

在电商配货中心,有不同类别和不同数量的商品,每种商品的出现频率不同。为了在存储和传输过程中节省空间和提高效率,配货中心希望通过哈夫曼编码来表示这些商品,以便将其存储为更短的二进制编码。现在某电商平台上有一家配货中心,根据不同商品的出现频率,需要对商品进行哈夫曼编码以便进行高效地存储和传输。请你设计一个程序,根据每种商品的出现频率,计算出对应的哈夫曼编码并进行展示。

输入格式

第一行为商品数量N;

第二行为N个商品的出现频率。

输出格式

每行输出一个商品对应的哈夫曼编码。

输入样例

5

5 6 7 3 2

输出样例

00

10

11

011

010

解题思路

(1) 构建哈夫曼树:根据商品的出现频率构建哈夫曼树,频率越高的商品对应的编码长度越短。

(2) 生成哈夫曼编码:通过遍历哈夫曼树的叶结点,生成每种商品对应的哈夫曼编码。

(3) 根据生成的哈夫曼编码,对输入的商品进行编码和解码,展示编码结果。

参考代码

```
#include <iostream>
#include <string.h>
using namespace std;
//哈夫曼树的存储结构
typedef struct {
    float weight;
    int lch, rch, parent;
}HTNode, *HuffmanTree;
//第一种
void Select(HuffmanTree ht, int n, int &s1, int &s2) {
    int i;
    for (i = 1; i <= n; i++) {
        if (ht[i]. parent == 0){          //根结点方能构造
```

```
                s1=i;                           //选择一个对比记录下标
                break;
            }
        }

        for (i = s1+1; i <= n; i++)
            if (ht[i]. parent == 0)
                if (ht[i]. weight < ht[s1]. weight)
                s1 = i;


        for (i = 1; i <= n; i++)
            if (ht[i]. parent == 0&&i! =s1) {
            //针对未构造的才能选择,除去第一小的数列
                s2=i;                           //选择一个对比记录下标
                break;
            }

        for (i = s2+1; i <= n; i++)
            if (ht[i]. parent == 0&&i! =s1)     //除去第一小的数列
                if (ht[i]. weight < ht[s2]. weight)
                    s2 = i;
}
void CreatHuffmanTree (HuffmanTree &HT, int n) {
        int m,i,s1,s2;
        if(n <= 1) return;
            m = 2*n-1;
        HT = new HTNode[m+1];                   //0号单元未用,HT[m]表示根结点
        for(i = 1; i <= m; ++i) {
            HT[i]. lch = 0;
            HT[i]. rch = 0;
            HT[i]. parent = 0;
        }
        for(i = 1; i <= n; ++i)
            cin>>HT[i]. weight;
        for(i = n+1; i <= m; ++i) {            //构造 Huffman树
```

```
        Select(HT, i-1, s1, s2);
        /* 在 HT[k](1≤k≤i-1)中选择两个其双亲域为0,且权值最小的结点,并返
        回它们在 HT 中的序号 s1 和 s2 */
        HT[s1]. parent = i;
        HT[s2]. parent = i; //表示从F中删除 s1,s2
        HT[i]. lch = s1;
        HT[i]. rch = s2; //s1,s2分别作为i的左右孩子
        HT[i]. weight = HT[s1]. weight + HT[s2]. weight;
        //i 的权值为左右孩子权值之和
    }
}   //CreatHuffmanTree
    //从叶子到根逆向求每个字符的哈夫曼编码,存储在编码表HC中
void CreatHuffmanCode(HuffmanTree HT, char** HC, int n) {
    int i, start, c, f;
    HC = new char *[n+1];                  //分配n个字符编码的头指针矢量
    char* cd = new char[n];                //分配临时存放编码的动态数组空间
    cd[n-1] = '\0'; //编码结束符
    for(i = 1; i <= n; ++i) {              //逐个字符求哈夫曼编码
        start = n-1; c = i; f = HT[i]. parent;
        while(f ! = 0) {                   //从叶子结点开始向上回溯,直到根结点
            --start;                       //回溯一次 start 向前指一个位置
            if (HT[f]. lch == c)
                cd[start] = '0';           //结点c是f的左孩子,则生成代码0
            else
                cd[start] = '1';           //结点c是f的右孩子,则生成代码1
            c = f; f = HT[f]. parent;      //继续向上回溯
        }//求出第 i 个字符的编码
        HC[i] = new char[n-start];         //为第i个字符编码分配空间
        strcpy(HC[i], &cd[start]);
        //将求得的编码从临时空间cd复制到HC的当前行中
    }
    delete cd;                             //释放临时空间
    for(i = 1; i <= n; ++i)
        cout<<HC[i]<<endl;
}   // CreatHuffanCode
int main(){
```

```
    int n=0,i,j;
    char** HC;
    cin>>n;
    HuffmanTree HT;
    CreatHuffmanTree(HT,n);
    CreatHuffmanCode(HT,HC,n);
}
```

提高篇

6.10　深度遍历以二叉链表存储的树或森林

题目描述

深度遍历以二叉链表存储的树或森林。如用串'AB0C0D000'、'EF000'、'GH0IJ0000'作为树的输入,0表示空树,则该森林如图6.7所示:

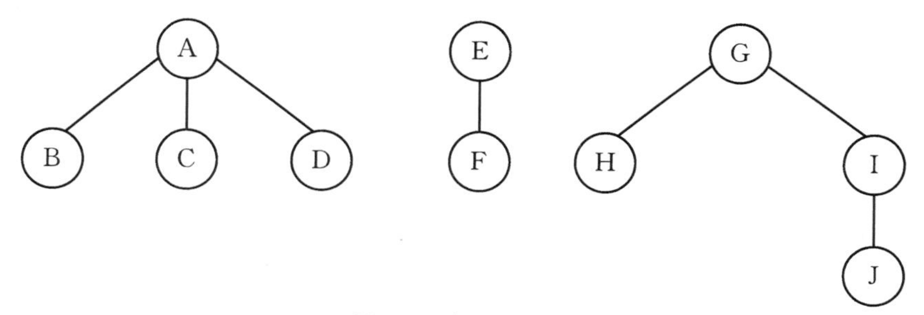

图6.7　森林示意图

输入格式

N表示N个树;

第二行至第$N+1$行,每棵树的先序遍历。

输出格式

第一行为该树的先根遍历序列;

第二行为该树的后根遍历序列。

输入样例

3

AB0C0D000

EF000

GH0IJ0000

输出样例

ABCDEFGHIJ

BCDAFEHJIG

解题思路

森林遍历的算法流程可以分为以下几个步骤：

(1) 首先，按照孩子链表表示法来存储森林中的每棵树。

(2) 然后，将这棵森林转换成一棵二叉树：

① 二叉树的根即为第一棵树的根，同时二叉树的左孩子是第一棵树根节点的子树森林转化成的二叉树；

② 二叉树的右子树是森林其他树转换成的二叉树。

(3) 最后，我们可以使用二叉树的先序遍历和中序遍历算法来获得森林的先根遍历和后根遍历结果。

参考代码

```
#include <iostream>
#include <stdlib. h>
#define MAXSIZE 100
using namespace std;

//树的定义
typedef struct CSNode
{
    char data;
    struct CSNode *firstchild, *nextsibling;
}CSNode, *CSTree;

//二叉树的定义
typedef struct BiTNode
{
    char data;
    struct BiTNode* lchild, *rchild;
}BiTNode, *BiTree;

//森林定义
typedef struct
```

```
{
    CSTree ct[MAXSIZE];
    int num;
}Forest;

//创建一棵树
CSTree CreateCSTree()
{
    char ch;
    cin>>ch;
    CSTree CT = NULL;
    if(ch != '0')
    {
        CT = new CSNode;
        CT->data = ch;
        CT->firstchild = CreateCSTree();
        CT->nextsibling = CreateCSTree();
    }
    return CT;
}

//树转换成二叉树
BiTNode* ExchangeToBTree(CSTree ct)
{
    if(ct == NULL)
        return NULL;
    else
    {
        BiTNode * bt = new BiTNode;
        bt->data = ct->data;
        bt->lchild = ExchangeToBTree(ct->firstchild);
        bt->rchild = ExchangeToBTree(ct->nextsibling);
        return bt;
    }
}
```

```
//森林转二叉树
BiTNode* ForestToBTree(Forest F, int low, int high)
{
    //low为当前指向的树,high为第n棵树的下标n-1
    if (low > high)
        return NULL;
    else
    {
        BiTNode* root = ExchangeToBTree(F.ct[low]);
        /* 二叉树的根即为第一棵树的根,同时二叉树的左孩子是第一棵树根节点的
        子树森林转化成的二叉树 */
        root->rchild = ForestToBTree(F, low + 1, high);
        //二叉树的右子树是森林其他树转换成的二叉树
        return root;
    }
}
//二叉树先序遍历
void preOrder(BiTNode* bt)
{
    if (bt != NULL)
    {
        cout<<bt->data;
        preOrder(bt->lchild);
        preOrder(bt->rchild);
    }
}

//二叉树中序遍历
void inOrder(BiTNode* bt)
{
    if (bt != NULL)
    {
        inOrder(bt->lchild);
        cout<<bt->data;
        inOrder(bt->rchild);
    }
}
```

```
int main()
{
    //创建一个森林
    Forest F;
    cin>>F.num;
    for (int i = 0; i < F.num; i++)
        F.ct[i] = CreateCSTree();

    //森林转二叉树
    BiTree T = ForestToBTree(F, 0, F.num - 1);

    preOrder(T);
    cout<<endl;
    inOrder(T);

    return 0;
}
```

6.11　括号表达式

题目描述

请编写程序将表达式树按中缀表达式输出，并填加必要的括号，要求括号不能冗余，即保证正确运算次序所需的最少括号。如图6.8所示的表达式A*(B+C)中的括号是必要的，而A+(B*C)的括号则是冗余的。假定表达式树中的运算均为二元运算，只涉及加、减、乘、除运算。

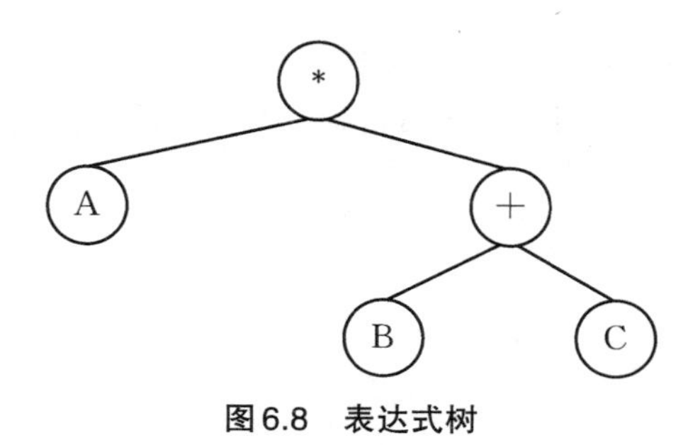

图6.8　表达式树

输入格式

输入为一行字符串，表示带空指针信息的表达式树先根序列，空指针信息用#表示，操作数为A～Z的大写字母,运算符为＋、－、*、/。

输出格式

输出为一行字符串,表示填加必要括号后的中缀表达式。

输入样例

*A##＋B##C##

输出样例

A*(B＋C)

解题思路

在表达式树中,字母(操作数)总是叶子节点,而运算符则是非终端节点。如果要输出中缀表达式,需要中序遍历这棵二叉树,关键在于何时添加括号。当左子树包含多个表达式时,根节点为运算符,右子树也包含多个表达式时,当以下条件满足时,无须加括号:

(1) 左子树的优先级大于等于根节点的运算符的优先级。这是因为当优先级相同时,顺序是从左至右计算的。

(2) 右子树的优先级大于根节点的运算符的优先级。

因此,当左子树的优先级小于根节点的运算符的优先级,且右子树的优先级小于或等于根节点的运算符的优先级时,我们需要添加括号以提高它们的优先级。

参考代码

```
#include <bits/stdc++.h>
using namespace std;
typedef long long LL;
const int N=30;
typedef struct Node
{
    char val;
    struct Node*left,*right;
}Node,*Tree;
//定义+-*/的优先级
map<char, int> m={{'+',1},{'-',1},{'*',2},{'/',2}};

//先序建树
Tree build()
{
    char ch;
    cin>>ch;
    if(ch=='#') return NULL;
```

```
    Tree bt=new Node;
    bt->val=ch;
    bt->left=build();
    bt->right=build();
    return bt;
}

//返回值为当前树构成的表达式的优先级,str记得传引用,带回表达式。
int convert(string &str,Tree bt)
{
    if(isalpha(bt->val))
    {
        //如果当前节点为字母,它一定是叶子节点,我们直接返回一个最大的优先级
        //因为单独的一个字母我们是不需要加括号的
        str=bt->val;
        return 3;
    }
    string s1,s2;
    int l,r,t;
    //分别记录左子树表达式的优先级,右子树表达式的优先级,以及当前节点的优先级。
    l=convert(s1,bt->left);
    r=convert(s2,bt->right);
    t=m[bt->val];
    if(l<t) s1="("+s1+")";          //注意是<
    if(r<=t) s2="("+s2+")";         //此处为<=
    str=s1+bt->val+s2;
    return t;
}
int main()
{
    Tree bt=build();
    string str;
    convert(str,bt);
    cout<<str<<endl;
    return 0;
}
```

6.12 统计字母编码

题目描述

给定一段文字,如果我们统计出字母出现的频率,是可以根据哈夫曼算法给出一套编码,使得用此编码压缩原文可以得到最短的编码总长。然而哈夫曼编码并不是唯一的。例如对字符串"aaaxuaxz",容易得到字母'a''x''u''z'的出现频率对应为4,2,1,1。我们可以设计编码{'a'=0,'x'=10,'u'=110,'z'=111},也可以用另一套{'a'=1,'x'=01,'u'=001,'z'=000},还可以用{'a'=0,'x'=11,'u'=100,'z'=101},三套编码都可以把原文压缩到14个字节。但是{'a'=0,'x'=01,'u'=011,'z'=001}就不是哈夫曼编码,因为用这套编码压缩得到00001011001001后,解码的结果不唯一,"aaaxuaxz"和"aazuaxax"都可以对应解码的结果。本题就请你判断某一套编码是否是哈夫曼编码。

输入格式

首先第一行给出一个正整数N(2≤N≤63),随后第二行给出N个不重复的字符及其出现频率格式如下:

c[1] f[1] c[2] f[2] … c[N] f[N],其中c[i]是集合{'0' − '9', 'a' − 'z', 'A' − 'Z', '_'}中的字符;f[i]是c[i]的出现频率,为不超过1000的整数。再下一行给出一个正整数 M(≤1000),随后是M套待检的编码。每套编码占N行,格式为c[i] code[i],其中c[i]是第i个字符;code[i]是不超过63个'0'和'1'的非空字符串。

输出格式

对每套待检编码,如果是正确的哈夫曼编码,就在一行中输出Yes,否则输出No。

输入样例

```
7
A 1 B 1 C 1 D 3 E 3 F 6 G 6
4
A 00000
B 00001
C 0001
D 001
E 01
F 10
G 11
A 01010
```

B 01011

C 0100

D 011

E 10

F 11

G 00

A 000

B 001

C 010

D 011

E 100

F 101

G 110

A 00000

B 00001

C 0001

D 001

E 00

F 10

G 11

输出样例

Yes

Yes

No

No

解题思路

对于给定的字符及其出现的频率，先构建对应哈夫曼树，然后求出对应哈夫曼编码的最大路径长度。判断是否是正确的哈夫曼编码只要满足前缀规则，并且每一个字符的最大路径长度与最先构建的哈夫曼编码所求出来的长度相等即可。

参考代码

```
#include <bits/stdc++.h>
using namespace std;
typedef int Status;
typedef struct HTNode
{
```

```
    unsigned int weight;
    unsigned int parent, lchild, rchild;
}HTNode, *HuffmanTree;

typedef char* *HuffmanCode;
void Select(HuffmanTree &HT, int index, int &s1, int &s2)
/* 在HT数组前index个中选择parent为0,并且权值最小的两个结点,其序号用s1,s2
带回 */
{
    int minvalue1, minvalue2;
    s1 = s2 = index;
    minvalue1 = minvalue2 = 100000;  //将最小值设置成无穷大,方便以后比较替换
    for(int i = 1; i < index; ++i)
    {
        if(HT[i]. parent == 0)
        {
        if(HT[i]. weight <= minvalue1)
            {
                minvalue2 = minvalue1;
                minvalue1 = HT[i]. weight;
                s2 = s1;
                s1 = i;
            }
        else if(HT[i]. weight <= minvalue2)
            {
                s2 = i;
                minvalue2 = HT[i]. weight;
            }
        }
    }
}
int HuffmanCoding(int *w, int n)
//已知权值和总数量,构造哈夫曼树,求出编码,并且返回最短路径长度
{
    int m = 2 * n - 1;
        HuffmanTree HT = new HTNode[m + 1];
```

```
        HuffmanTree p = HT + 1;
        w++;
    //初始化哈夫曼树
    for(int i = 1; i<= n; ++i, ++w, ++p)
    {
        p->weight = *w;
        p->parent = p->lchild = p->rchild = 0;
    }
    for(int i = n + 1; i<= m; ++i, ++p)
        p->weight = p->parent = p->lchild = p->rchild = 0;
        p = HT + n + 1;
    for(int i = n + 1; i<= m; ++i, ++p)
    {
        int s1, s2;
        Select(HT, i, s1, s2);
        p->weight = HT[s1].weight + HT[s2].weight;
        p->lchild = s1, p->rchild = s2;
        HT[s1].parent = HT[s2].parent = i;
        }
    int pathnum[n + 1];                              //求出每个字符的最大路径长度
        for(int i = 1; i<= n; ++i)
        {
            int length = 0;
            for (int cpos = i, ppos = HT[i].parent; ppos ! = 0; cpos = ppos,
ppos = HT[ppos].parent)
                length++;
            pathnum[i] = length;
            }
            int min_length = 0;
            for(int i = 1; i<= n; i++)
        min_length += (pathnum[i] * HT[i].weight);
        return min_length;
}
int isUncertain(char Codes[][65], int n)          //判断是否符合前缀规则
{
    for(int i = 0; i< n; ++i)
```

```
            for(int j = i + 1; j < n; ++j)
            {
                int length = strlen(Codes[i]) > strlen(Codes[j]) ? strlen(Codes[j]):
strlen(Codes[i]);
                int k;
                for(k = 0; k < length; ++k)
                    if(Codes[i][k] != Codes[j][k])
                        break;
                    if(k == length)
                        return 1;
            }
                return 0;
    }
    int GetLen(char Codes[][65], int *w, int n)
    {
        int len = 0;
        for(int i = 0; i < n; ++i)
        {
            int length = strlen(Codes[i]);
            len += (length * w[i + 1]);
        }
        return len;
    }
    int main()
    {
        int N, M, W[70];
        char ch;
        scanf("%d", &N);
        getchar();
        for(int i =1; i <= N; ++i)
        //输入字符以及出现的频率,注意空格也是一个字符,在末尾特殊处理
        {
        if(i <= N - 1)
            scanf("%c %d ", &ch, &W[i]);
        else
            scanf("%c %d", &ch, &W[i]);
```

```
        }
        int min_length = HuffmanCoding(W, N);
        scanf("%d", &M);
        for(int i = 0; i < M; ++i)
        {
        char Codes[65][65];  //用来存放等待判断的编码
        for(int i = 0; i < N; ++i)
        {
            getchar();          //吃掉每一行的回车
            scanf("%c %s", &ch, Codes[i]);
        }
        if(isUncertain(Codes, N))
            printf("No\n");
        else
        {
            if(min_length == GetLen(Codes, W, N))
                printf("Yes\n");
            else
                printf("No\n");
            }
        }
    }
```

6.13 二叉树最大宽度

题目描述

计算该二叉树最大的宽度(即二叉树所有层中结点个数的最大值)并输出。

输入格式

输入一个字符串(不含空格且长度不超过80),表示二叉树的先序遍历序列,其中字符#表示虚结点(对应的子树为空)。

输出格式

对于每组测试,输出二叉树的最大宽度。

输入样例

HDA##C#B##GF#E###

输出样例

3

解题思路

可以使用队列保存当前层的所有孩子节点,然后在指定层的层级遍历完成之后计算这一层节点的个数。因为队列现在保存了下一层的所有节点,所以用队列的大小很容易得到下一层节点的总数。然后,根据相同的过程处理下一层,存储并更新每一层找到的节点最大数目。

参考代码

```
#include <bits/stdc++.h>
using namespace std;
typedef struct BiTNode{
    char data;
    struct BiTNode *lchild;
    struct BiTNode *rchild;
}BiTNode,*BiTree;
void CreateBiTree(BiTree &T){
    char ch;
    cin >> ch;
    if(ch=='#')
        T=NULL;
    else
    {
        T=new BiTNode;
        T->data=ch;
        CreateBiTree(T->lchild);
        CreateBiTree(T->rchild);
    }
}
int maxWidth(struct BiTNode * root){
    if (root == NULL)
        return 0;
    int result = 0;
    queue<BiTNode*> q;
```

```
    q. push(root);
    while (! q. empty())
    {
        int count = q. size() ;
        result = max(count, result);
        while (count--)
        {
            BiTNode *temp = q. front();
            q. pop();
            if (temp->lchild ! = NULL)
                q. push(temp->lchild);
            if (temp->rchild ! = NULL)
                q. push(temp->rchild);
        }
    }
    return result;
}
BiTNode* newBiTNode(int data)
{
    BiTNode* t = new BiTNode;
    t->data = data;
    t->lchild = t->rchild = NULL;
    return t;
}
int main()
{
    while(cin>>)
    BiTree T;
    CreateBiTree(T);
    cout << maxWidth(T) << endl;
    return 0;
}
```

第7章　图

图像识别是一项非常热门的技术，其中，利用深度学习框架对图像识别能达到99％以上。当然，对于简单的图像来说深度学习是没有必要的。比如要识别安徽拼音首字母A和H，不用深度学习就可以判断。现在有一些只含“A”或者“H”的图像，你知道该如何识别吗？第一行输入整数T，表示数据的组数。每组数组中，第一行n，m，表示图像的大小。接下来有n行，每行m个字符，只可能为'.'或者'#'。'.'表示白色，'#'表示黑色。'#'会通过上下左右或者左上左下右上右下连成一个区域，该区域表示字母。

这是2017年安徽省程序设计大赛F题“A？ H?”，这道题乍一看没什么思路，尤其是图片可能是斜着或者倒着放的，那什么特征是可以区分这两个字母的呢？仔细一想，H在图像中的差别就是A有一块不与外界联通的区域，无论A和H怎么摆放，这个特征是不变的。所以在图上任意一点为'.'的点上进行染色，把每一个'.'都变成'#'，最后再把图整个扫一遍，如果还有'.'，说明有不与外界联通的情况，那么肯定就是字母A。染色怎么实现呢，可以用本章介绍的深度优先搜索算法。

思维导图

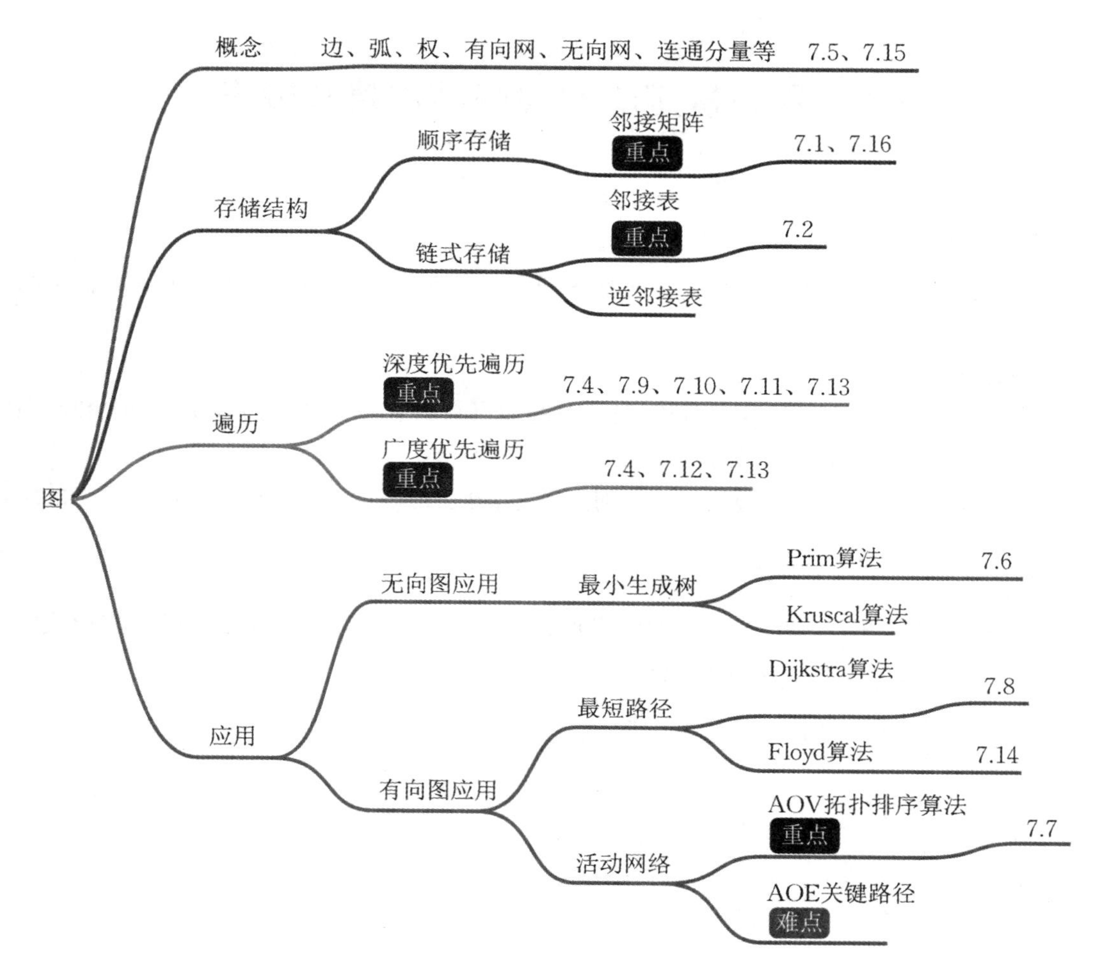

教学目的和教学要求

(1) 理解图的邻接矩阵存储结构,并掌握邻接矩阵基本操作。
(2) 理解图的邻接表存储结构,并掌握邻接表基本操作。
(3) 掌握图的深度优先搜索和广度优先搜索遍历方法及其算法实现。
(4) 理解最小生成树相关算法。
(5) 理解最短路径相关算法。
(6) 理解拓扑排序和关键路径相关算法。

基础篇

7.1 用邻接矩阵实现图的创建和输出

题目描述

用邻接矩阵作为图的存储结构，编写程序创建一个有向图或无向图，并按照格式输出图的邻接矩阵。

输入格式

输入第一行给出三个正整数，分别表示图的顶点数$n(1<n\leqslant 10)$、边数$m(\leqslant 50)$和有向或无向标志f(1表示有向图，0表示无向图)。

随后的m行对应m条边，每行给出一对正整数，分别是该条边直接连通的两个顶点的编号(编号范围是$1\sim n$)。

输出格式

输出图的邻接矩阵，即n行n列的元素值，有边其值为1，无边其值为0；以方阵形式输出，每个元素之间有一个空格，末尾也有一个空格。

输入样例1

```
5 8 0
1 2
2 3
3 4
4 5
5 2
4 1
3 5
1 5
```

输出样例1

```
0 1 0 1 1
1 0 1 0 1
0 1 0 1 1
1 0 1 0 1
1 1 1 1 0
```

输入样例2

5 8 1

1 2

2 3

3 4

4 5

5 2

4 1

3 5

1 5

输出样例2

0 1 0 0 1

0 0 1 0 0

0 0 0 1 1

1 0 0 0 1

0 1 0 0 0

解题思路

为简单起见，用顶点编号表示顶点信息，G. vexs域可以不用，注意无向图的邻接矩阵应是对称矩阵。

参考代码

```
#include <iostream>
using namespace std;
#define MAX_VERTEX_NUM 15     //定义最大顶点数
typedef int VertexType;       //用顶点下标表示顶点，为整型
typedef struct
{
    VertexType vexs[MAX_VERTEX_NUM];                    //顶点信息
    int arcs[MAX_VERTEX_NUM][MAX_VERTEX_NUM];  //邻接矩阵
    int vexnum,arcnum;                                   //顶点数和弧数
    int kind;                 // 1表示有向图,0表示无向图
}MGraph;                      //用邻接矩阵表示图的类型
void CreatMGraph(MGraph &G)   //创建图
{
    cin>>G.vexnum>>G.arcnum>>G.kind;
    for(int i=1;i<=G.vexnum;i++)
```

```
        for(int j=1;j<=G.vexnum;j++)
        G.arcs[i][j]=0;
    for(int i=1;i<=G.arcnum;i++)
    {
        int x,y;
        cin>>x>>y;
        G.arcs[x][y]=1;
        if(G.kind==0)
        G.arcs[y][x]=1;
    }
}
void OutputMGraph(MGraph G)      //输出图的邻接矩阵
{
    for(int i=1;i<=G.vexnum;i++)
    {
     for(int j=1;j<=G.vexnum;j++)
        cout<<G.arcs[i][j]<<" ";
        cout<<endl;
    }
}
int main()
{
    MGraph G;
    CreatMGraph(G);
    OutputMGraph(G);
    return 0;
}
```

7.2 用邻接表实现图的创建和输出

题目描述

用邻接表作为图的存储结构,编写程序创建一个无向图或有向图,并按照格式输出图的邻接表。

输入格式

输入第一行给出三个正整数,分别表示图的顶点数n(1<n<=10)、边数m(<=50)和无向或有向标志f(0表示无向图,1表示有向图)。

随后的m行对应m条边,每行给出一对正整数,分别是该条边直接连通的两个顶点的编号(编号范围是1~n)。

输出格式

输出图的邻接表,从第0行开始按顺序输出,一共输出n行,输出格式见样例。

注意:由于图的存储是不唯一的,为了使得输出具有唯一的结果,我们约定以表头插入法构造邻接表。

输入样例1

```
5 8 0
1 2
2 3
3 4
4 5
5 2
4 1
3 5
1 5
```

输出样例1

```
0->4->3->1->^
1->4->2->0->^
2->4->3->1->^
3->0->4->2->^
4->0->2->1->3->^
```

输入样例2

```
5 8 1
1 2
2 3
3 4
4 5
5 2
4 1
3 5
1 5
```

输出样例2

0->4->1->^
1->2->^
2->4->3->^
3->0->4->^
4->1->^

解题思路

为简单起见,用顶点编号表示顶点信息,注意邻接表中表结点的次序与边的输入次序有关。

参考代码

```
#include <iostream>
using namespace std;
#define MAX_VERTEX_NUM 15                    //定义最大顶点数
typedef int VertexType;                      //用顶点下标表示顶点,为整型
typedef struct ArcNode{                      //弧结点
    int adjvex;                              //弧所指顶点在顶点表中的位置
    struct  ArcNode *nextarc;                //指向下一条弧的指针
}ArcNode;
typedef struct VNode{                        //顶点结点
    VertexType data;                         //顶点信息
    ArcNode *firstarc;                       //指向第一条依附该顶点的弧
}VNode,AdjList[MAX_VERTEX_NUM];              //AdjList是数组类型
typedef struct{
    AdjList vertices;                        //顶点表
    int vexnum,arcnum;                       //顶点数和弧数
    int kind;                                //0表示无向图,1表示有向图
}ALGraph;                                    //用邻接表表示图的类型
void CreatALGraph(ALGraph &G)                //创建图
{
    cin>>G.vexnum>>G.arcnum>>G.kind;
    for(int i=0;i<G.vexnum;i++)
    {
        G.vertices[i].data=i+1;
        G.vertices[i].firstarc=NULL;
    }
```

```
    for(int i=0;i<G.arcnum;i++)
    {
        int x,y;
        ArcNode *p;
        cin>>x>>y;
        p=new ArcNode;
        p->adjvex=y-1;
        p->nextarc=G.vertices[x-1].firstarc;
        G.vertices[x-1].firstarc=p;
        if(G.kind==0)
        {
        p=new ArcNode;
            p->adjvex=x-1;
            p->nextarc=G.vertices[y-1].firstarc;
            G.vertices[y-1].firstarc=p;
        }
    }
}
void OutputALGraph(ALGraph G)          //输出图的邻接表
{
    for(int i=0;i<G.vexnum;i++)
    {
        cout<<i<<"->";
        ArcNode *p=G.vertices[i].firstarc;
        while(p)
        {
        cout<<p->adjvex<<"->";
            p=p->nextarc;
        }
        cout<<"^"<<endl;
    }
}
int main()
{
    ALGraph G;
    CreatALGraph(G);
```

```
    OutputALGraph(G);
    return 0;
}
```

7.3 用邻接矩阵实现图的深度优先遍历

题目描述

给定一个无向图,用邻接矩阵作为图的存储结构,输出指定顶点出发的深度优先遍历序列。在深度优先遍历的过程中,如果同时出现多个待访问的顶点,则优先选择编号最小的一个进行访问。

输入格式

第一行输入三个正整数,分别表示无向图的顶点数n($1<n\leqslant100$,顶点从1到n编号)、边数m和指定起点编号s。

接下来的m行对应m条边,每行给出两个正整数,分别是该条边直接连通的两个顶点的编号。

输出格式

输出从s开始的深度优先遍历序列,用一个空格隔开,最后也含有一个空格。如果从s出发无法遍历到图中的所有顶点,则在第二行输出Non-connected。

输入样例

```
5 4 1
1 2
3 1
5 2
2 3
```

输出样例

```
1 2 3 5
Non-connected
```

解题思路

遍历指定的起点编号start可以定义成全局变量或者是函数参数,也可以定义成图类型的一个域。

参考代码

略。

7.4 用邻接表实现图的广度优先遍历

题目描述

给定一个无向图G,用邻接表作为图的存储结构,编写程序输出图G的广度优先遍历序列,并在遍历过程中计算图G的连通分量个数。在广度优先遍历的过程中,如果同时出现多个待访问的顶点,则优先选择编号最小的一个进行访问。

输入格式

第一行输入两个正整数,分别表示无向图的顶点数n($1<n\leqslant 100$,顶点编号从0到$n-1$)和边数m。

接下来的m行对应m条边,每行给出两个正整数,分别是该条边直接连通的两个顶点的编号。用头插法建立邻接表,各边按第一个顶点编号升序输入,第一个顶点相同时按第二个顶点降序输入。

输出格式

输出分两行,第一行输出从顶点0开始的广度优先遍历序列,用一个空格隔开,最后也含有一个空格。第二行输出连通分量个数。

输入样例

9 11

0 5

0 4

0 3

0 2

1 6

2 7

3 7

4 8

5 8

5 7

7 8

输出样例

0 2 3 4 5 7 8 1 6

2

解题思路

用STL中容器queue实现队列相关操作。

参考代码

略。

7.5 有向网的创建

题目描述

编写程序创建一个有向网,该有向网中包含n个顶点,编号为0至$n-1$。

输入格式

输入第一行为两个正整数n和m,分别表示有向网的顶点数和弧数,其中n不超过20000,m不超过20000。

接下来m行表示每条弧的信息,每行为3个非负整数a,b,c,其中a和b表示该弧直接连通的两个顶点的编号,c表示该弧的权值。

注意:各条弧并非按顶点编号顺序排列。

输出格式

按顶点编号递增顺序输出每个顶点引出的弧,每个顶点占一行,若某顶点没有引出弧,则不输出。每行表示一个顶点引出的所有弧,格式为a－＞(a,b,w)……,表示弧＜a,b＞的权值为w,a引出的多条弧按编号b的递增序排列。

输入样例

```
5 7
0 4 100
3 4 60
0 3 30
3 2 20
2 4 10
0 1 10
1 2 50
```

输出样例

```
0－＞(0,1,10)(0,3,30)(0,4,100)
1－＞(1,2,50)
2－＞(2,4,10)
```

3－＞(3,2,20)(3,4,60)

解题思路

因为顶点数上限到20000,不能用邻接矩阵存储,只能用邻接表存储该有向网。注意输出的次序,建立邻接表时不能简单使用头插法。

参考代码

```
#include <iostream>
using namespace std;
#define MAX_VERTEX_NUM 20000          //定义最大顶点数
typedef int VertexType;               //用顶点下标表示顶点,为整型
typedef struct ArcNode
{    //弧结点
    int adjvex;                       //弧所指顶点在顶点表中的位置
    int weight;                       //弧上的权值
    struct  ArcNode *nextarc;         //指向下一条弧的指针
}ArcNode;
typedef struct VNode
{    //顶点结点
    VertexType data;                  //顶点信息
    ArcNode *firstarc;                //指向第一条依附该顶点的弧
}VNode,AdjList[MAX_VERTEX_NUM];       //AdjList是数组类型
typedef struct
{
    AdjList vertices;                 //顶点表
    int vexnum,arcnum;                //顶点数和弧数
}ALGraph;                             //用邻接表表示图的类型
void CreatALGraph(ALGraph &G)         //创建有向网
{
    cin>>G.vexnum>>G.arcnum;
    for(int i=0;i<G.vexnum;i++)
    {
        G.vertices[i].data=i;
        G.vertices[i].firstarc=NULL;
    }
    for(int i=0;i<G.arcnum;i++)
    {
```

```
        int a,b,c;
        ArcNode *p,*q,*r;
        cin>>a>>b>>c;
        p=new ArcNode;
        p->adjvex=b;
        p->weight=c;
        q=G.vertices[a].firstarc;
        if(q==NULL||q->adjvex>b)
        {
            p->nextarc=q;
            G.vertices[a].firstarc=p;
        }
        else
        {
        r=q->nextarc;
        while(r&&r->adjvex<b)
        {
            q=r;
            r=r->nextarc;
        }
            q->nextarc=p;
            p->nextarc=r;
        }
    }
}
void OutputALGraph(ALGraph G) //按照格式输出有向网
{
    for(int i=0;i<G.vexnum;i++)
    {
        ArcNode *p=G.vertices[i].firstarc;
        if(p)
        {
            cout<< G.vertices[i].data <<"->";
                while(p)
        {
            cout<<"("<<i<<","<<p->adjvex<<","<<p->weight<<")";
```

```
                p=p->nextarc;
                }
                cout<<endl;
                }


        }
}
int main()
{
        ALGraph G;
        CreatALGraph(G);
        OutputALGraph(G);
        return 0;
}
```

7.6 村村通问题

题目描述

某地为了完成村村通项目,首先调查了该地的交通状况,统计得到了任意两个村庄之间的距离。村村通项目的目标是使任何两个村庄之间都可以实现公路交通(不一定有直接的公路相连,只要能间接通过公路可达即可),项目承办方希望铺设的公路总长度最小。请你帮忙计算最小的公路总长度。

输入格式

输入的第1行给出村庄数目$N(<100)$;随后的$N(N-1)/2$行对应村庄间的距离,每行给出一对正整数,分别是两个村庄的编号,以及此两村庄间的距离。为简单起见,村庄从1到N编号。

输出格式

输出最小的公路总长度。

输入样例

```
4
1 2 1
1 3 4
1 4 1
```

2 3 5
2 4 2
3 4 3

输出样例

5

解题思路1

用prim算法,该算法从任意一个顶点开始,每次选择一个与当前顶点集最近的一个顶点,并将两顶点之间的边加入到生成树中。

参考代码1

```
#include <bits/stdc++.h>
using namespace std;
const int NUM=101;
const int INF=0x3f3f3f;                //定义无穷大
int dis[NUM];                          //记录边权
bool visited[NUM];                     //标记边
int edge[NUM][NUM];
int n,m;                               //点,边
int prim()
{
    int ans=0;
    for(int i=1;i<=n;i++)
        dis[i]=edge[1][i];             //初始时记录1到其他顶点距离
    dis[1]=0;
    visited[1]=true;                   //将用过的点标记
    for(int i=2;i<=n;i++)
    {
        int u=INF;
        int pos;                       //记录最小权值的顶点下标
        for(int j=1;j<=n;j++)          //在未加入点中找到一个最小的权值
        {
            if(! visited[j]&&u>dis[j])
            {
                u=dis[j];              //更新最小值
                pos=j;
            }
```

```
        }
        if(u==INF)
            break;                      //图不是连通图
        visited[pos]=true;              //将加入的点进行标记
        ans+=u;                         //加边权
        for(int j=1;j<=n;j++)           //枚举所有点
        {
            if(! visited[j]&&dis[j]>edge[pos][j])
                dis[j]=edge[pos][j]; //更新权值
    }
    return ans;
}
int main()
{
    cin>>n;
    m=n*(n-1)/2;
    memset(visited,false,sizeof(visited));
    for(int i=1;i<=m;i++)
    {
        int u,v,w;
        cin>>u>>v>>w;
        edge[u][v]=edge[v][u]=w;
    }
    cout<<prim()<<endl;
    return 0;
}
```

解题思路2

用kruskal算法，该算法主要是加边，初始最小生成树边数为0，每迭代一次就选择一条满足条件的最小代价边，加到最小生成树的边集合里。

参考代码2

```
#include <bits/stdc++.h>
using namespace std;
const int NUM=101;
int S[NUM];              //并查集
struct Edge
```

```
{
    int u,v,w;
}edge[NUM*NUM];                         //定义边
int n,m;                                //点,边
bool cmp(Edge a,Edge b)
{
    return a.w<b.w;
}
int find(int u)                         //查询并查集,返回u的根结点
{
    return S[u]==u? u:find(S[u]);
}
int kruskal()
{
    int ans=0;
    for(int i=1;i<=n;i++)
        S[i]=i;                         //初始化,开始时每个村庄都是单独的集
    sort(edge+1,edge+1+m,cmp);          //边按代价从小到大排序
    for(int i=1;i<=m;i++)
    {
        int b=find(edge[i].u);          //边的前端点u属于哪个集?
        int c=find(edge[i].v);          //边的后端点v属于哪个集?
        if(b==c) continue;              //产生了圈,丢弃这个边
            S[c]=b;                     //合并
        ans+=edge[i].w;                 //计算MST
    }
    return ans;
}
int main()
{
    cin>>n;
    m=n*(n-1)/2;
    for(int i=1;i<=m;i++)
        cin>>edge[i].u>>edge[i].v>>edge[i].w;
    cout<<kruskal()<<endl;
    return 0;
}
```

7.7　有向图的拓扑序列

题目描述

用邻接表作为图的存储结构，编写程序输出有向图的拓扑序列。

输入格式

输入第一行给出两个正整数，分别表示图的顶点数n($1<n\leqslant 10$)、边数m($\leqslant 50$)。

随后的m行对应m条边，每行给出一对正整数，分别是该有向边直接连通的两个顶点的编号(编号范围是$1\sim n$)。

输出格式

输出此有向图的拓扑序列，用一个空格隔开，最后也有一个空格；如果为非连通图或图中有回路，则另起一行输出Fail。

注意：由于拓扑序列是不唯一的，为了使得输出具有唯一的结果，我们约定以表头插入法构造邻接表，并且保证初始入度为0的顶点仅有一个。当运行过程中同时出现多个入度为0的顶点时，采用栈来保存。

输入样例1

6 8
1 2
2 4
3 6
1 3
4 6
3 4
5 6
3 5

输出样例1

1 2 3 4 5 6

输入样例2

5 6
1 2
1 3
2 4
3 4

4 5

5 3

输出样例2

1 2

Fail

解题思路

在图的顶点表中增加一个indegree域,记录顶点的入度。建图时每输入一个有向边,随时修改相应顶点的入度。用count统计输出顶点的个数,当图为非连通或图中有回路,则count一定小于图的顶点数。

参考代码

略。

7.8 单源点最短路径

题目描述

一张地图包括若干个城市,城市间的道路四通八达,我们经常需要查找从某地出发到其他地方的路径,并且希望能最快到达。现已知去每个地方需要花费的时间,请你编写程序计算从指定地点出发到所有城市之间的最短时间。

输入格式

输入第一行给出三个正整数,分别表示城市数目$n(1<n\leqslant100)$、道路数目m和有向或无向标志f(1表示有向图,0表示无向图)。

接下来的m行对应每个城市间来往所需时间,每行给出三个正整数,分别是两个城市的编号(从1编号到n)和来往两城市间所需时间。

最后一行给出一个城市编号,表示从此城市出发。

输出格式

输出从指定城市出发到达所有城市(按编号1到编号n顺序输出)的距离(用编号1->编号**:表示),如果无路可到,则输出no path。每个城市占一行。

输入样例1

5 7 1

1 2 10

1 4 30

1 5 100

2 3 50

3 5 10

4 3 20

4 5 60

1

输出样例1

1－＞1:0

1－＞2:10

1－＞3:50

1－＞4:30

1－＞5:60

输入样例2

5 4 0

1 2 8

2 3 3

3 1 2

5 2 5

1

输出样例2

1－＞1:0

1－＞2:5

1－＞3:2

1－＞4:no path

1－＞5:10

解题思路

选择Dijkstra算法用来求单源点最短路径。

参考代码

```
#include <iostream>
using namespace std;
const int INF=1e6;              //定义无穷大
const int NUM=105;              //定义最大顶点数
typedef struct
{
    int arcs[NUM][NUM];         //邻接矩阵
    int vexnum,arcnum;          //顶点数和弧数
```

```
    int kind;                          //1表示有向图,0表示无向图
}MGraph;                               //用邻接矩阵表示图的类型
bool vis[NUM];
int dis[NUM];
void CreatMGraph(MGraph &G)            //创建图
{
    cin>>G.vexnum>>G.arcnum>>G.kind;
    for(int i=1;i<=G.vexnum;i++)
        for(int j=1;j<=G.vexnum;j++)
        {
            if(i==j)
            G.arcs[i][j]=0;
            else
            G.arcs[i][j]=INF;
            }
    for(int i=1;i<=G.arcnum;i++)
    {
        int x,y,t;
        cin>>x>>y>>t;
        G.arcs[x][y]=t;
        if(G.kind==0)
        G.arcs[y][x]=t;
    }
}
void Dijkstra(MGraph G,int s)
{
    for(int i=1;i<=G.vexnum;i++)
    {
        vis[i]=false;
        dis[i]=G.arcs[s][i];
    }
    for(int i=1;i<=G.vexnum;i++)
    {
        int tag=-1,minn=INF;
        for(int j=1;j<=G.vexnum;j++)
        {
```

```
                if(! vis[j]&&dis[j]<minn)
                {
                    minn=dis[j];
                    tag=j;
                }
            }
            if(tag==-1)
                break;
                vis[tag]=true;
                for(int j=1;j<=G.vexnum;j++)
                {
                if(! vis[j]&&dis[j]>dis[tag]+G.arcs[tag][j])
                dis[j]=dis[tag]+G.arcs[tag][j];
            }
        }
}
int main()
{
    MGraph G;
    int v;
    CreatMGraph(G);
    cin>>v;
    Dijkstra(G,v);
    for(int i=1;i<=G.vexnum;i++)
    {
        cout<<v<<"->"<<i<<":";
        if(dis[i]==INF)
            cout<<"no path\n";
        else
            cout<<dis[i]<<endl;
    }
    return 0;
}
```

提高篇

7.9　哥尼斯堡七桥问题

题目描述

18世纪初普鲁士(Prussia)的哥尼斯堡(Konigsberg)城,有一条普雷格尔(Pregel)河从市中心穿过,河中心有两个小岛A和B,有七座桥把两个岛与河两岸C和D连接起来,如图7.1所示。

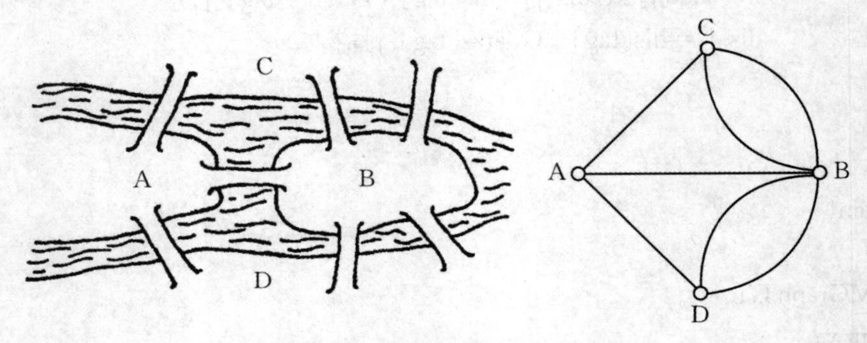

图7.1　哥尼斯堡七桥图

当地居民有一项有趣的消遣活动,就是试图每座桥恰好走过一遍并回到原出发点,但从来没人成功过。瑞士数学家欧拉(Leonhard Euler)1736年证明了这种走法是不可能的,并最终解决了这个问题,由此开创了数学的一个新的分支——图论与几何拓扑。

这个问题如今可以描述为判断欧拉回路是否存在的问题。欧拉回路是指不令笔离开纸面,可画过图中每条边仅一次,且可以回到起点的一条回路。现给定一个无向图,问是否存在欧拉回路?

输入格式

输入第一行给出两个正整数,分别表示图的顶点数n($1<n\leqslant100$)、边数m。随后的m行对应m条边,每行给出一对正整数,分别是该条边直接连通的两个顶点的编号(顶点从1到n编号)。

输出格式

若欧拉回路存在则输出“G是欧拉图”,否则输出“G不是欧拉图”。

输入样例1

```
4 4
1 2
```

2 3
3 4
4 1

输出样例1

G是欧拉图

输入样例2

4 5
1 2
2 3
3 4
4 1
4 2

输出样例2

G不是欧拉图

输入样例3

4 3
1 2
2 3
3 1

输出样例3

G不是欧拉图

解题思路

要使得一个图可以一笔画，即存在欧拉回路，则必须满足如下两个条件：① 图必须是连通的；② 图中的“奇度顶点”个数是0。

因此根据连通性和度数可以判断出无向图或有向图是否存在欧拉回路。

参考代码

```
#include <iostream>
using namespace std;
#define MAX_VERTEX_NUM 101          //定义最大顶点数
typedef int VertexType;             //用顶点下标表示顶点，为整型
bool visited[MAX_VERTEX_NUM];       //顶点的访问标记，为全局变量
typedef struct
{
    VertexType vexs[MAX_VERTEX_NUM];                    //顶点信息
    int arcs[MAX_VERTEX_NUM][MAX_VERTEX_NUM]; //邻接矩阵
```

```
    int vexnum,arcnum;                     //顶点数和弧数
}MGraph;                                   //用邻接矩阵表示图的类型
void CreatMGraph(MGraph &G)                //创建无向图
{
    cin>>G.vexnum>>G.arcnum;
    for(int i=1;i<=G.vexnum;i++)
    {
        G.vexs[i]=i;
        visited[i]=false;
        for(int j=1;j<=G.vexnum;j++)
            G.arcs[i][j]=0;
    }
    for(int i=1;i<=G.arcnum;i++)
    {
        int x,y;
        cin>>x>>y;
        G.arcs[x][y]=1;
        G.arcs[y][x]=1;
    }
}
void DFS(MGraph G,VertexType v)            //图G的深度优先搜索
{
    visited[v]=true;
    for(int j=1;j<=G.vexnum;j++)
    {
        if(! visited[j]&&G.arcs[v][j])
        DFS(G,j);
    }
}
bool CheckG(MGraph G)                      //检查顶点的度是否全为偶数
{
    for(int i=1;i<=G.vexnum;i++)
    {
        int k=0;
        for(int j=1;j<=G.vexnum;j++)
            k+=G.arcs[i][j];
```

```
            if(k%2)
                return false;        //发现奇数度的顶点则返回假
        }
        return true;                 //全是偶数度的顶点则返回真
    }
    int main()
    {
        int i;
        MGraph G;
        CreatMGraph(G);
        DFS(G,1); //检查图G的连通性
        for(i=1;i<=G.vexnum;i++)
            if(visited[i]==false) break;
            if(i<=G.vexnum)      //若有顶点没被DFS访问到,则图不连通
                cout<<"G不是欧拉图"<<endl;
            else //若图连通
            if(CheckG(G)) cout<<"G是欧拉图"<<endl;
            else
                cout<<"G不是欧拉图"<<endl;
        return 0;
    }
```

拓展思考

① 如果存在欧拉回路,怎样输出欧拉回路的每条边?

② 如果问题改为判断欧拉通路是否存在的问题,即要求不令笔离开纸面,画过图中每条边仅一次,但不要求回到起点,该如何修改程序?

7.10　秘密花园

题目描述

《秘密花园》是一本涂色书,长期占据亚马逊畅销榜第一。越来越多人开始爱上涂色这样一种简单的解压方式,24色彩铅足以涂出一个精彩世界。涂色书有一个规律,线稿好看怎么涂都好看。现在需要你编写程序,对一幅黑白线稿进行自动涂色。每个封闭区域只涂一种颜色,需要按从上到下,从左到右的顺序依次为每个封闭区域涂上第1种,第2种,…,第24

种颜色。因为我们只有24色彩铅,因此,不断重复这24种颜色。

输入格式

首先是一个正整数$T(T\leqslant 10)$,表示数据组数。对于每一组数据:

第一行,两个正整数m和$n(m,n\leqslant 1000)$分别表示图像的高和宽。接下来有m行,每行有n个字符,每个字符只可能为' '或者'#'。'#'表示黑色线稿,' '表示白色背景。

输出格式

对于每一组数据,输出自动涂色后的图像。原来的黑色线稿为0,上色后的区域颜色分别用1,2,…,24来表示。每幅图像之间加一空白行区分。

输入样例

```
2
8 8
**####**
*#****#*
*#****#*
*#****#*
*#****#*
**####**
8 8
**####**
*#****#*
*######*
*#****#*
*#****#*
**####**
```

输出样例

```
11111111
11000011
10222201
10222201
10222201
10222201
11000011
11111111

11111111
11000011
```

```
10222201
10000001
10333301
10333301
11000011
11111111
```

解题思路

(1) 首先,使用memset函数将dst数组初始化为0,用于存储涂色后的图像。

(2) 读取输入的数据组数t。

(3) 对于每一组数据:

① 将region初始化为0,用于记录当前使用的颜色索引。

② 读取图像的高度n和宽度m。

③ 使用嵌套循环读取图像的每个像素点,并将其存储在img数组中。

④ 遍历图像的每个像素点:

如果该像素点是白色背景('*'),则递归调用dfs函数,将相邻的白色背景像素点涂上当前颜色索引,并将region加1。如果region超过了24,将其重置为1,以实现循环使用24种颜色。

⑤ 输出涂色后的图像,即遍历dst数组,并输出对应的颜色索引。

⑥ 输出一个空白行,以区分不同组的图像。

参考代码

```
#include <bits/stdc++.h>
using namespace std;
char img[1002][1002];
int dst[1002][1002];
int n,m,region;
void dfs(int i, int j)
{
    if(img[i][j]=='#')
        return;
    img[i][j]='#';
    dst[i][j]=region;
    if(i-1>=0) dfs(i-1,j);
    if(i+1<n) dfs(i+1,j);
    if(j-1>=0) dfs(i,j-1);
    if(j+1<m) dfs(i,j+1);
```

```
}
int main()
{
    int t,i,j;
    cin>>t;
    while(t--)
    {
        region=0;
        memset(dst,0,sizeof(dst));
        cin>>n>>m;
        for(i=0;i<n;i++)
            for(j=0;j<m;j++)
                cin>>img[i][j];
        for(i=0;i<n;i++)
            for(j=0;j<m;j++)
                if(img[i][j]=='*')
                {
                    region++;
                    if(region>24) region=1;
                    dfs(i,j);
                }
        for(i=0;i<n;i++)
        {
            for(j=0;j<m;j++)
                cout<<dst[i][j]<<'';
            cout<<endl;
        }
        cout<<endl;
    }
    return 0;
}
```

7.11 笔迹鉴定

题目描述

最近柯南收到了一则来自怪盗基德的预告函，上面写着："今晚8点，我将前来取走'命运的宝石'"。然而上一周怪盗基德也发出了一张预告函，写着："为了纪念十周年，the 8148我就收下了"。柯南感到很奇怪，因为怪盗基德很少如此频繁地连续作案。于是他仔细比对这两封预告函。柯南发现，上一周的预告函中出现了两次"8"，这次预告函也有一个"8"，但是笔迹并不相同。左边两个"8"字均来源于上一周的预告函，右上角留了一个开口；而右边的"8"字来源于本周的预告函，右上角是闭合的，如图7.2所示。

图7.2　真假"8"图

因此，柯南判断，这次收到的预告函并不是真正的怪盗基德发出的，而是一封伪造的预告函。最终，柯南抓住了伪造预告函的假基德。

现在，请聪明的你也来鉴别一下笔迹图像，判别这些"8"字笔迹的真伪。

输入格式

首先是一个正整数$T(T\leqslant 10)$，表示数据组数。对于每一组数据：

第一行，两个正整数m和$n(m,n\leqslant 1000)$分别表示图像的高和宽。接下来有m行，每行，每n个字符，只可能为0或者1。0表示黑色字迹，1表示白色背景。数据保证每张图像为白底黑字，且含有唯一一个完整的"8"字，不会有缺失，也不存在空白图像或者含有其他内容的数据。注意，"8"字有可能是歪的或者倒过来的。

输出格式

对于每一组数据，输出Yes或No，代表笔迹真伪。

输入样例

```
1
9 8
11111111
11100111
11011011
11001011
```

11100111
11011011
11011011
11100111
11111111

输出样例

No

解题思路

(1) 首先,定义一个名为img的二维字符数组,用于表示图像。数组大小为1002×1002,用来存储输入的图像数据。

(2) 然后定义两个整数变量n和m,分别表示图像的行数和列数。

(3) 接下来定义一个dfs函数,用于进行深度优先搜索。当遇到0时返回,将遇到的所有1都变为0,然后继续向上、下、左、右四个方向进行递归调用dfs函数。

(4) 在主函数main中,首先读入整数变量t,表示测试样例的数量。然后开始一个循环,循环次数为t。

(5) 在每次循环开始时,将region(用于记录连通区域数量)重置为0,并将img数组全部填充为字符'1'。

(6) 然后读入整数变量n和m,表示图像的行数和列数。

(7) 使用两层循环读入图像数据,并将数据存储在img数组中。

(8) 接着进行两层循环遍历img数组,当遇到字符'1'时,说明找到了一个连通区域的起点,此时调用dfs函数进行深度优先搜索,并将region加1。

(9) 最后,根据region的值输出结果。如果region等于2,则输出Yes,否则输出No。

(10) 重复执行第4步至第9步,直至所有测试样例都被处理完。

参考代码

```
#include <bits/stdc++.h>
using namespace std;
char img[1002][1002];
int n,m;
void dfs(int i, int j)
{
    if(img[i][j]=='0')
        return;
    img[i][j]='0';
    if(i-1>=0) dfs(i-1,j);
```

```
        if(i+1<n) dfs(i+1,j);
        if(j-1>=0) dfs(i,j-1);
        if(j+1<m) dfs(i,j+1);
  }
  int main()
  {
        int t=0,i,j,region;
        cin>>t;
        while(t--)
        {
              region=0;
              memset(img,'1',sizeof(img));
              cin>>n>>m;
              for(i=0;i<n;i++)
                    for(j=0;j<m;j++)
                          cin>>img[i][j];
              for(i=0;i<n;i++)
                    for(j=0;j<m;j++)
                          if(img[i][j]=='1')
                          {
                                dfs(i,j);
                                region++;
                          }
              if(region==2)
                    cout<<"Yes"<<endl;
              else
                    cout<<"No"<<endl;
        }
        return 0;
  }
```

7.12 穿越侏罗纪

题目描述

小明来到侏罗纪公园游玩,他对穿越侏罗纪这个虚拟现实的游戏很感兴趣。该游戏在一处开阔的平地上,平地面积为$n \times n$。最开始,小明站在起点处(1,1),赢得游戏要达到终点(n,n),小明每秒可以向东南西北四个方向移动一步。但是该游戏的难度在于,每秒结束时,天上会掉落一块陨石在(x,y)处,小明不能走在陨石上。假如小明已经知道哪些时刻会在哪些点掉落陨石,你需要判断,小明能否成功走到(n,n)。

保证数据足够弱:也就是说,无须考虑"走到某处被一块陨石砸"的情况,因为答案不会出现此类情况。

输入格式

首先是一个正整数T($T \leqslant 10$),表示数据组数。对于每一组数据:

第一行,一个正整数n($n \leqslant 1000$)。

接下来$2n-2$行,每行两个正整数x和y,意义是在那一秒结束后,(x,y)将出现一块陨石。

输出格式

对于每一组数据,输出Yes或No,回答小明能否顺利走到终点。

输入样例

```
2
2
1 1
2 2
5
3 3
3 2
3 1
1 2
1 3
1 4
1 5
2 2
```

输出样例

Yes

Yes

解题思路

(1) 首先,定义一个名为f的二维整数数组,用于表示网格,数组大小为1001×1001。

(2) 然后定义了整数变量n和t,分别表示每个测试样例的网格大小和测试样例的数量。

(3) 在主函数main中,首先读入整数变量t,表示测试样例的数量。然后开始一个循环,循环次数为t。

(4) 在每次循环开始时,先读入整数变量n,表示当前测试样例的网格大小。

(5) 接下来使用一个循环对$2n-2$次输入进行处理,每次输入一个坐标(x,y)。如果(x,y)等于(n,n)且$x+y-2<i$,满足这个条件则输出No,并跳出当前循环,进入下一个测试样例。

(6) 如果(x,y)满足条件$x+y-2>i$,则将fx设为-1,表示该位置不可达。

(7) 重新设置起点位置$f1$为1。

(8) 使用两层循环遍历整个网格,如果$fi-1$或者fi为1并且fi不为-1,则将fi设为1。

(9) 判断fn的值,如果等于1则输出Yes,否则输出No。

(10) 如果当前测试样例不是最后一个测试样例,则将整个网格f重置为0,然后处理下一个测试样例。

参考代码

```
#include <bits/stdc++.h>
using namespace std;
int f[1001][1001];
int n,t,x,y;
int main()
{
  cin>>t;
  for(int q=1;q<=t;q++)
  {
    cin>>n;
    for(int i=1;i<=2*n-2;i++)
    {
      cin>>x>>y;
      if(x==n&&y==n&&x+y-2<i)
      {
        cout<<"No\n";
```

```
            break;
        }
        if(x+y-2>i)
            f[x][y]=-1;
    }
    f[1][1]=1;
    for(int i=1;i<=n;i++)
        for(int j=1;j<=n;j++)
            if((f[i-1][j]==1||f[i][j-1]==1)&&f[i][j]!=-1)
                f[i][j]=1;
    if(f[n][n]==1)
        cout<<"Yes\n";
    else
        cout<<"No\n";
    if(q!=t)
    for(int i=1;i<=n;i++)
        for(int j=1;j<=n;j++)
            f[i][j]=0;
  }
  return 0;
}
```

7.13 迷宫问题

题目描述

给定一个$n\times m$方格的迷宫,迷宫里有t处障碍,障碍处不可通过。给定起点坐标和终点坐标,每个方格最多经过1次,在迷宫中移动有上下左右四种方式,保证起点上没有障碍。问:

① 有多少种从起点坐标到终点坐标的方案?

② 从起点到终点的最短路径长度是多少?输出一条长度最短的路径经过的点坐标,若不存在起点到终点的路径,则输出−1。

输入格式

第一行n,m和t,其中:n为行数,m为列数,t为障碍数。

第二行起点坐标sx,sy,终点坐标ex,ey。

接下来t行,每行为障碍的坐标。

输出格式

第一行从起点坐标到终点坐标的方案总数。

若存在解答,则第二行输出最短路径的长度len(起点和终点也算在步数内),以下len行,每行输出经过点的坐标(i,j);否则无解时输出−1。

输入样例

```
4 5 4
0 0 3 4
0 2
1 1
2 3
3 1
```

输出样例

```
3
8
(0, 0)
(1, 0)
(2, 0)
(2, 1)
(2, 2)
(3, 2)
(3, 3)
(3, 4)
```

解题思路

(1) 求从起点坐标到终点坐标的方案总数,用深度优先搜索。

(2) 输出最短路径的长度,用广度优先搜索。

参考代码

```
#include <bits/stdc++.h>
using namespace std;
#define MAX 105
int maze[MAX][MAX];
int visit[MAX][MAX];
int path[MAX];
struct
```

```
{   int x;
    int y;
    int pre;
    int path;
}Q[100];
int dir[4][2]={{-1,0},{1,0},{0,-1},{0,1}};
int n,m,t;                              //n为行数,m为列数,t为障碍数
int sx,sy,ex,ey;                        //sx,sy为起点坐标,ex,ey为终点坐标
int ans=0,len=0;
int go(int x,int y)
{
    if(0<=x&&x<n&&0<=y&&y<m&&maze[x][y]==0) return 1;
    return 0;
}
void dfs(int i,int j)
{
   int k,nx,ny;
   for(k=0;k<4;k++)
     {
     nx=i+dir[k][0];
     ny=j+dir[k][1];
         if(! visit[nx][ny]&&go(nx,ny))
         {
             visit[i][j]=1;    //建立访问标志
             if(nx==ex&&ny==ey)
         ans++;
             else
         dfs(nx,ny);
           visit[i][j]=0;      //回溯,退出访问标志
     }
   }
}
void bfs()
{
    int i,j,k,s,head,tail;
    int x,y,nx,ny;
```

```
  memset(visit,0,sizeof(visit));
head=0;
  tail=1;
Q[0].x=sx;
  Q[0].y=sy;
  while(head<tail)
  {
  i=Q[head].x;
    j=Q[head].y;
    for(k=0;k<4;k++)
    {
          nx=i+dir[k][0];
          ny=j+dir[k][1];
          if(! visit[nx][ny]&&go(nx,ny))
          {
               visit[nx][ny]=1;
               Q[tail].pre=head; Q[tail].path=k;   //记下前驱结点和扩展方向
               Q[tail].x=nx; Q[tail].y=ny;         //结点入队
               if(nx==ex&&ny==ey)                  //目标位置,输出路径
               {
                    s=head;                        //从当前点走向入口
               while((Q[s].x! =sx)||(Q[s].y! =sy))
               {
               path[len]=Q[s].path;
               s=Q[s].pre;
               len++;
               }
          cout<<len+2<<endl;
          cout<<"("<<sx<<","<<sy<<")\n";
          x=sx; y=sy;
          for(s=len-1;s>=0;s--)
          {
               x=x+dir[path[s]][0];
               y=y+dir[path[s]][1];
               cout<<"("<<x<<","<<y<<")\n";
          }
```

```
                cout<<"("<<ex<<","<<ey<<")\n";
                return;
                }
                tail++;
                }
            }
            head++;
        }
        if(len==0) cout<<-1;
}
int main()
{
        int i,j,k;
        memset(maze,0,sizeof(maze));
        cin>>n>>m>>t;
        cin>>sx>>sy>>ex>>ey;
        for(k=1;k<=t;k++)
        {
            cin>>i>>j;
            maze[i][j]=1;
        }
        dfs(sx,sy);
        cout<<ans<<endl;
        bfs();
        return 0;
}
```

7.14 单身晚会

题目描述

小明和小美两个人相互爱慕,决定喜结良缘,从此踏入浪漫的婚姻殿堂。

小明的好朋友们决定在结婚前为小明开一场单身晚会,玩紧张刺激的飞行棋。

小明的好朋友居住在城市的各个地方(每个地方不一定只有一个朋友),他们需要从各个地方赶到其中一个朋友的家里来参加这最后的单身派对，小明被朋友们的热情深深感动了，决定对朋友们来时的路费进行报销。报销规则按照距离来计算。朋友们为了帮小明省钱，决定在所有人走最短路径的情况下，在总距离最少的人的家里开派对。

小明想知道朋友们走过的总距离是多少，然后他把总共需要报销的钱拿出来，就可以让朋友们自己来分配了。但是他算了半天也没算出来总距离是多少，单身派对马上就开始了，你能帮帮他吗？

输入格式

第一行一个整数T，表示有$T(T<15)$组数据。

每组数据的第一行朋友数(包括小明)$N(N<100)$，路口$P(2\leqslant P\leqslant 100)$，路口之间道路数$C(1\leqslant C\leqslant 1450)$，(朋友的编号为$1\sim N$，路口的编号为$1\sim P$)

第二行到第$N+1$行：编号为1到N的朋友们家所在的路口号。

第$N+2$行到$N+C+1$行：每行有三个数：相连的路口A、B和路口的间距$D(1\leqslant D\leqslant 255)$，当然，连接是双向的。

输出格式

每组数据输出占一行，输出大家必须要走的最小距离和。

输入样例

```
1
3 4 5
2
3
4
1 2 1
1 3 5
2 3 7
2 4 3
3 4 5
```

输出样例

```
8
```

解题思路

用Floyd算法求出每对顶点之间的最短路径。

参考代码

```
#include <bits/stdc++.h>
using namespace std;
const int INF = 25500;
int a[101], L[101][101];
```

```
int n, p, c;
void Floyd() //Floyd最短路径算法
{
    for (int k=1; k<=p; k++)
        for (int i=1; i<=p; i++)
            for (int j=1; j<=p; j++)
                L[i][j] = min(L[i][j], L[i][k]+L[k][j]);
}
int main()
{
    int t,i,j,A,B,D;
    cin>>t;
    while (t--)
    {
        cin>>n>>p>>c;
        for(i=1; i<=n; i++)
            cin>>a[i];
        for(i=1; i<=p; i++)
            for(j=1; j<=p; j++)
                L[i][j] = INF;
            for(i=1; i<=p; i++)
                L[i][i] = 0;
            for(i=0; i<c; i++)
            {
            cin>>A>>B>>D;
            L[A][B] = D;
            L[B][A] = D;
        }
        Floyd();
        int Smin = INT_MAX;
        for(i=1; i<=n; i++)
        {
            int s = 0;
            for(j=1; j<=n; j++)
            {
            if(L[a[i]][a[j]] < INF)
                s += L[a[i]][a[j]];
```

```
            }
            Smin = min(Smin, s); //求出每次的最短路径
        }
        cout<<Smin<<endl;
    }
    return 0;
}
```

7.15 最便宜的航线

题目描述

有n个城市通过一些航班连接。给你一个数组flights,其中flights[i]=[fromi,toi,pricei],表示该航班都从城市fromi开始,以价格pricei抵达toi。现在给定所有的城市和航班,以及出发城市src和目的地dst,你的任务是找到出一条最多经过k站中转的路线,使得从src到dst的价格最便宜,并返回该价格。如果不存在这样的路线,则输出-1。

输入格式

第一个参数是一个整数,表示n个城市;第二个参数是一个数组flights,表示出发城市、到达城市和价格;第三个参数和第四个参数都是一个整数,表示出发城市和到达城市;最后一个参数是一个整数,表示最多经过的中转站。

输出格式

一个整数,表示最便宜的价格。

输入样例

n = 3, edges = [[0,1,100],[1,2,100],[0,2,500]]

src = 0, dst = 2, k = 1

输出样例

200

解题思路

动态规划方法。

参考代码

```
int findCheapestPrice(int n, int** flights, int flightsSize, int* flightsColSize, int src, int dst, int k)
{
```

```
    int f[k + 2][n];
    memset(f, 0x3f, sizeof(f));
    f[0][src] = 0;
    for(int t = 1; t <= k + 1; ++t)
    {
        for(int k = 0; k < flightsSize; k++)
        {
            int j = flights[k][0], i = flights[k][1], cost = flights[k][2];
            f[t][i] = fmin(f[t][i], f[t - 1][j] + cost);
        }
    }
    int ans = 0x3f3f3f3f;
    for(int t = 1; t <= k + 1; ++t)
    {
        ans = fmin(ans, f[t][dst]);
    }
    return (ans == 0x3f3f3f3f ? -1 : ans);
}
```

7.16 社交网络传播

题目描述

假设你正在设计一个社交网络分析系统,需要编写一个程序来模拟社交网络上信息的传播情况。请使用C语言编写程序,根据给定的社交网络关系图和初始传播信息,计算在给定的传播时间内,信息可以传播到多少用户。

要求:

(1) 使用邻接矩阵来表示社交网络关系图,以二维数组的形式存储。

(2) 用户数量不超过100,每个用户用一个整数来表示。

(3) 用户之间的关系只有两种状态:是好友关系(用1表示)或非好友关系(用0表示)。

(4) 提供初始传播信息的用户号码,表示该用户已经接收到信息。

(5) 输入传播时间的上限,单位为分钟。

计算在给定的传播时间内,信息可以传播到多少用户。

输入格式

第一行一个整数n表示用户数量;

第二行一个整数表示好友关系数量；

第三行表示初始用户号码；

第四行表示传播时间上限；

接下来n行，每行两个整数，用空格分开，表示好友关系。

输出格式

一个整数，表示可以传播到的用户数量。

输入样例

请输入用户数量:5;

请输入好友关系的数量:4;

请输入初始传播信息的用户号码:1;

请输入传播时间的上限(分钟):10;

请输入好友关系的用户编号:

1 2

1 3

2 3

3 4

输出样例

信息可以传播到的用户数量:4。

解题思路

(1) 程序要求输入用户的数量、好友关系的数量、初始传播信息的用户号码以及传播时间的上限(分钟)。

(2) 根据输入的用户数量和好友关系的数量创建一个邻接矩阵图来表示用户之间的关系。同时也创建一个用于记录传播状态的数组。

(3) 程序接受用户输入好友关系的用户编号，并且在邻接矩阵图中标记好友关系。

(4) 初始化初始传播信息的用户的传播状态为1，代表消息从这个用户开始传播。

(5) 程序模拟传播，按照时间逐步更新传播状态。每个时间单位内，遍历所有已经传播了消息的用户，检查其好友关系并将其未被传播消息的好友状态标记为已传播。

(6) 统计传播完成后，可以传播到的用户数量并输出。

参考代码

```
#include <stdio.h>
#define MAX_USERS 100
int main() {
    int users, relationships, initialUser, propagationTime;
    printf("请输入用户数量:");
    scanf("%d", &users);
```

```
    printf("请输入好友关系的数量:");
    scanf("%d", &relationships);
    printf("请输入初始传播信息的用户号码:");
    scanf("%d", &initialUser);
    printf("请输入传播时间的上限(分钟):");
    scanf("%d", &propagationTime);
    int graph[MAX_USERS][MAX_USERS] = {0};
    int propagationStatus[MAX_USERS] = {0};
    printf("请输入好友关系的用户编号:\n");
    for(int i = 0; i < relationships; i++) {
        int user1, user2;
        scanf("%d %d", &user1, &user2);
        graph[user1][user2] = 1;
        graph[user2][user1] = 1;
    }
    propagationStatus[initialUser] = 1;
    for(int time = 1; time <= propagationTime; time++) {
        for(int i = 1; i <= users; i++) {
            if(propagationStatus[i] == 1) {
                for(int j = 1; j <= users; j++) {
                    if(graph[i][j] == 1 && propagationStatus[j] == 0) {
                        propagationStatus[j] = 1;
                    }
                }
            }
        }
    }
    int count = 0;
    for (int i = 1; i <= users; i++) {
        if(propagationStatus[i] == 1) {
            count++;
        }
    }
    printf("信息可以传播到的用户数量:%d\n", count);
    return 0;
}
```

第8章 查　找

搜索引擎相信大家都使用过，搜索引擎需要处理大量的数据，包括网页内容、索引信息等。为了提高数据的读取和检索效率，搜索引擎不会每次都去查询数据库，而是在内存中建立一个缓存表来存储一部分经常访问的数据，从而提升查询速度。在搜索引擎中，哈希算法起着至关重要的作用。哈希算法是一种将任意长度的输入数据转换为固定长度输出的算法。它通过将输入数据进行散列运算，生成一个唯一的哈希值，该哈希值可以作为数据的指纹或索引。搜索引擎使用哈希算法将每个网页的内容转化为唯一的哈希值。当用户进行搜索时，搜索引擎会通过相同的哈希算法对查询词进行处理，然后将哈希值与索引中的哈希值进行匹配，找到最接近的匹配项，从而实现快速的数据检索。

思维导图

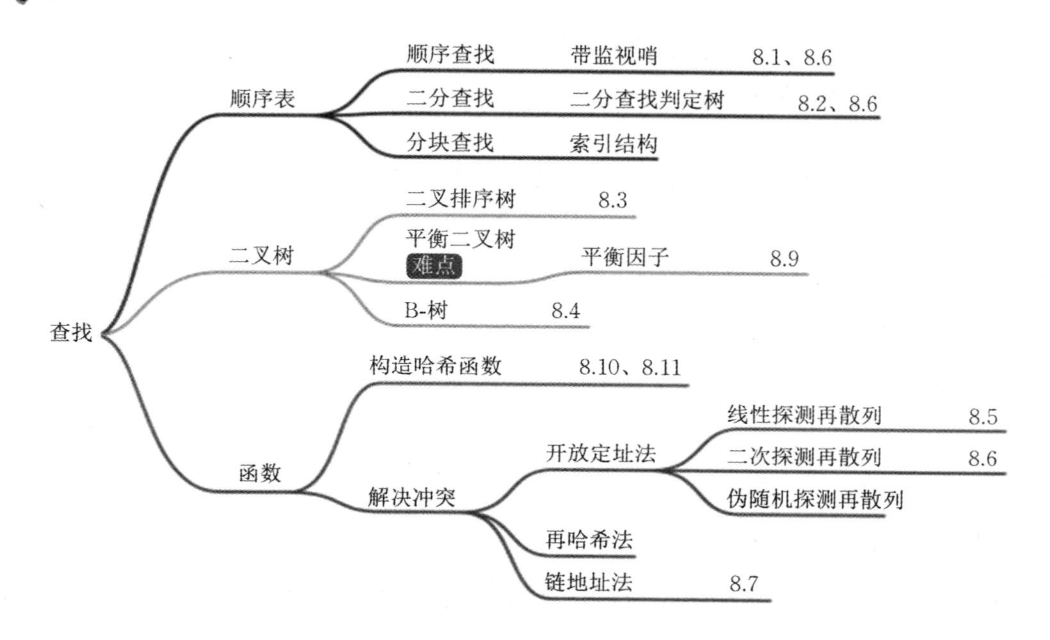

教学目的和教学要求

1. 理解查找表的定义、分类和各类的特点及应用场景。
2. 熟练掌握顺序查找和二分查找的思想和算法实现。
3. 熟练掌握二叉排序树的概念和算法实现。
4. 熟练掌握哈希存储和哈希查找的基本思想及有关方法、算法。
5. 了解各个查找算法的特性,根据实际问题选择合适的方法解决,提高编程能力、逻辑思维能力和实际工程问题解决能力。

基础篇

8.1 顺序查找

题目描述

编写一个程序,对给定的一个n个元素的顺序表和两个目标值target,如果目标值存在返回下标,否则返回NOT FOUND。程序中需有两个函数,分别实现设置岗位哨兵和不设置岗位哨兵的查找方法。

输入格式

第一行输入一个整数n,表示顺序表的元素个数。

第二行输入n个数字,依次为表内元素值。

第三行输入两个要查找的值。

输出格式

输出这两值在表中的位置。如果没有找到,输出NOT FOUND。

输入样例

7

23 74 12 95 9 26 8

95 24

输出样例

4

NOT FOUND

解题思路

(1) 编写一个不使用哨兵的查找函数,从顺序表的起始位置开始遍历,直到找到目标值或者遍历完整个列表。

(2) 编写一个使用哨兵的查找函数，将目标值放在顺序表的最后位置，如图8.1所示，然后从顺序表的起始位置开始遍历，一旦找到目标值就停止遍历，如果遍历到最后一个元素(哨兵位置)还未找到，则目标值不存在于顺序表中。

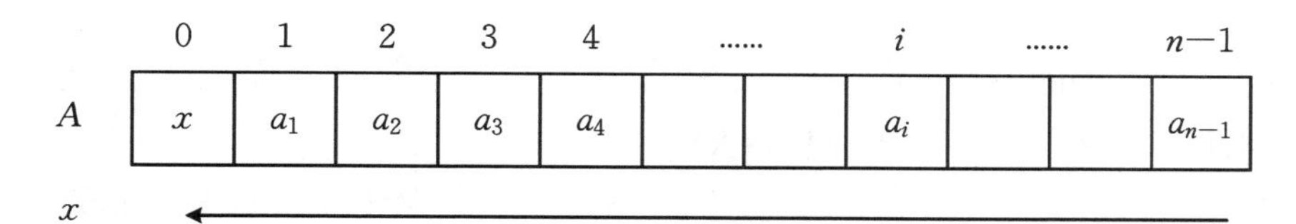

图8.1　顺序查找步骤

(3) 从标准输入读取顺序表的元素个数，然后读取顺序表的所有元素值，接着读取两个要查找的目标值。

(4) 对于每个目标值，首先调用不使用哨兵的查找函数，然后调用使用哨兵的查找函数，如果找到目标值，返回它在顺序表中的位置(注意，位置应从1开始计数而不是从0开始)，如果没有找到，返回NOT FOUND。

(5) 输出每个目标值的查找结果。

参考代码

```
#include <iostream>
using namespace std;
#define MAXSIZE 100          // 定义顺序表的最大长度
// 定义顺序表的数据结构
typedef struct
{
    int r[MAXSIZE+1];        // 用于存放顺序表元素，r[0]一般作为哨兵或者临时变量
    int length;              // 顺序表长度
} SeqList;
// 设置监视哨的顺序查找法
int SeqSearchWithSentinel(SeqList L, int k)
{
    L.r[0] = k;              // 设置哨兵
    int i = L.length;
    while (L.r[i] != k)
    {                        // 从末尾开始逐个比较查找
        i--;
    }
```

```
        return i;                                  // 返回找到的元素位置
    }
    // 不设置监视哨的顺序查找法
    int SeqSearch(SeqList L, int k)
    {
        int i = L.length;
        while (i >= 1 && L.r[i] != k)
        {                                          // 从末尾开始逐个比较查找
            i--;
        }
        if (i >= 1)
            return i;                              // 若找到,返回元素位置
        else
            return 0;                              // 若未找到,返回0
    }
    int main()
    {
        SeqList list;
        cout << "请输入顺序表的元素个数:";
        cin >> list.length;
        cout << "请输入" << list.length << "个数字,依次为表内元素值:";
        for (int i = 1; i <= list.length; i++)
        // 输入顺序表的元素
            cin >> list.r[i];

        int target1, target2;
        cout << "请输入两个要查找的值:";
        cin >> target1 >> target2;
        int result1 = SeqSearchWithSentinel(list, target1);
        // 使用设置监视哨的顺序查找法进行查找
        if (result1 != 0)
            cout << result1 << endl;               // 若找到,输出元素位置
        else
            cout << "NOT FOUND" << endl;           // 若未找到,输出NOT FOUND
        int result2 = SeqSearch(list, target2);    // 使用不设置监视哨的顺序查找
```

法进行查找

```
    if (result2 ! = 0)
        cout << result2 << endl;                    // 若找到,输出元素位置
    else
        cout << "NOT FOUND" << endl;                // 若未找到,输出NOT FOUND
    return 0;
}
```

8.2 二分查找

题目描述

小明在图书馆借阅书籍,图书馆的书籍在系统中按序号顺次排列,小明在借阅后,须在系统中从"在馆书籍列表"中将该书删除。请帮助小明编写一个函数,在现有列表中使用二分查找的方法找到该图书序号,若在列表中,将该序号删除,返回"Book borrowing successful";若删除失败,则返回"Book borrowing failed"。

输入格式

第一行输入一个整数n,表示借阅书籍本数。

第二行输入n个数字,依次为借阅书籍的序号。

输出格式

输出删除结果,"Book borrowing successful"或"Book borrowing failed"。

输入样例

2

54 103

输出样例

"Book borrowing successful"

"Book borrowing failed"

解题思路

二分查找:针对每个要借阅的书籍序号,使用二分查找算法在有序的书籍列表中搜索该书籍序号。二分查找的基本思路是比较中间元素与目标值,并根据比较结果缩小搜索范围,直到找到目标值或搜索范围为空。二分查找判定树如图8.2所示。

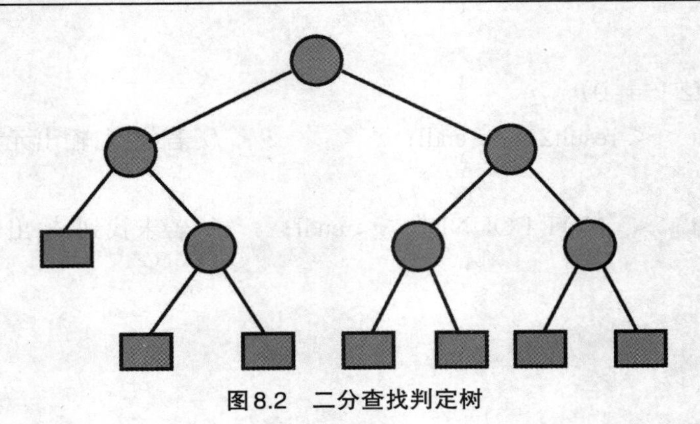

图8.2　二分查找判定树

参考代码

略。

8.3　二叉排序树

题目描述

踏着秋日的脚步,随着新学年的开始,一批新生来到了校园。学校需要将大一学生的学号录入系统,其中一些同学已通过线上注册的方式自行登录。请编写函数查找学生的学号,若找到返回"Search successful",若未找到返回"Search failed"并将该学号录入系统中,若成功录入返回"Entry successful",若录入失败返回"Entry failed"。

输入格式

第一行输入一个整数n,表示学生人数。

第二行输入n个数字,依次为学生的学号。

输出格式

输出查询结果,"Search successful"或"Search failed"。

若查询失败继续输出录入结果,"Entry successful"或"Entry unsuccessful"。

输入样例

6

072401 072405 072407 072419 072489 abcdef

输出样例

"Search successful"

"Search successful"

"Search failed"

"Entry successful"

"Search failed"
"Entry successful"
"Search successful"
"Search failed"
"Entry failed"

解题思路

二叉排序树的查找的原理是:
A. 若查找树为空,则查找失败;
B. 若查找树非空,将待查关键字k与根结点关键字key进行比较;
C. 若相等则查找成功,查找过程结束,返回根结点地址;
D. 当待查关键字k小于根结点关键字,则在左子树上继续查找,转A;
E. 当待查关键字k大于根结点关键字,则在右子树上继续查找,转B;
F. 若查找失败,将该关键字k插入排序树中。

参考代码

```
#include <iostream>
#include <string>
using namespace std;
// 定义二叉树结点结构体
struct TreeNode
{
    string data;            // 结点存储的数据
    TreeNode* left;         // 指向左子树的指针
    TreeNode* right;        // 指向右子树的指针
};
// 创建一个新的二叉树结点
TreeNode* createNode(const string& data)
{
    TreeNode* newNode = new TreeNode;
    newNode->data = data;
    newNode->left = nullptr;
    newNode->right = nullptr;
    return newNode;
}
// 将一个新的值插到二叉搜索树
TreeNode* insert(TreeNode* root, const string& data)
```

```
{
    // 如果树为空,返回一个新的结点
    if (root == nullptr)
    {
        return createNode(data);
    } else {
        // 递归地插到左或右子树
        if (data < root->data)
        {
            root->left = insert(root->left, data);
        } else if (data > root->data) {
            root->right = insert(root->right, data);
        }
    }
    // 最后返回树的根结点
    return root;
}
// 在二叉搜索树中搜索一个值
bool search(TreeNode* root, const string& data) {
    if(root == nullptr) {
        // 如果结点为空,说明没有找到,返回 false
        return false;
    } else {
        if(data == root->data) {
            // 如果找到,返回 true
            return true;
        } else if (data < root->data) {
            // 否则递归搜索左子树
            return search(root->left, data);
        } else {
            // 否则递归搜索右子树
            return search(root->right, data);
        }
    }
}
int main() {
```

```
    TreeNode* root = nullptr;
    // 现有的学号数据插到二叉搜索树中
    root = insert(root, "072401");
    root = insert(root, "072402");
    root = insert(root, "072403");
    root = insert(root, "072404");
    root = insert(root, "072405");
    root = insert(root, "072419");
    root = insert(root, "072420");
    // 输入的学号数据
    string input[] = {"072401", "072405", "072407", "072419", "072489", "abcdef"};
    int n = 6;
    // 遍历输入的学号
    for(int i = 0; i < n; i++) {
        // 使用二叉搜索树进行搜索
        if (search(root, input[i])) {
            cout << "Search successful" << endl;
        } else {
            // 如果搜索失败,则将该学号插到树中
            cout << "Search failed" << endl;
            root = insert(root, input[i]);
            cout << "Entry successful" << endl;
        }
    }
    return 0;
}
```

8.4　B-树

题目描述

给定一系列整数,你需要使用这些数字构建一个B-树(B-tree)。B-树是一种平衡的多路搜索树,其中每个结点可以有多个孩子。你需要编写一个程序,该程序B-树能够在B-树中插入整数,并且能够判断给定的两个整数是否都存在于B-树中。如果两个整数都存在,则输出YES,否则输出NO。

输入格式

第一行输入为两个整数n和t,其中n代表将要插入B-树的整数数量,t代表B-树的最小度数(即:每个结点除根结点外至少有$t-1$个键值,最多有$2t-1$个键值)。

接下来一行输入n个整数,这些整数需要插到B-树中。

最后输入两个整数a和b,需要判断这两个整数是否都存在于B-树中。

输出格式

输出对给定整数a和b是否都存在于B-树中的判断结果。

输入样例

```
6 2
50 20 40 70 10 30
20 70
```

输出样例

```
YES
```

解题思路

实现插入算法,它会逐步将关键字插入合适的结点中。如果结点关键字满了,则需要通过分裂结点来适应新的关键字。分裂前,若该结点是根结点,则创建一个新的根结点。

当需要在一个已经满了的结点中插入关键字时,就必须分裂结点。分裂操作会创建一个新结点,并将满结点中一半的关键字移动到新结点中。

参考代码

```
#include <iostream>
using namespace std;
// 定义B-树结点结构
struct BTNode {
    int n;                  // 当前存储的关键字数
    bool leaf;              // 结点是否为叶结点的标志
    int *keys;              // 关键字数组
    BTNode **children;  // 子结点指针数组
};
// 创建一个新的B-树结点
BTNode* createNode(int t, bool leaf) {
    BTNode* node = new BTNode;
    node->n = 0;
    node->leaf = leaf;
    node->keys = new int[2*t-1];
```

```
    node->children = new BTNode*[2*t];
    return node;
}
// 函数声明
void insertNonFull(BTNode* x, int k, int t);
void splitChild(BTNode* x, int i, int t);
// 主要的插入函数
void insert(BTNode*& root, int k, int t) {
    // 如果根结点已满,则需要分裂
    if(root->n == 2 * t - 1) {
        BTNode* node = createNode(t, false);
        node->children[0] = root;
        splitChild(node, 0, t);
        root = node;
    }
    // 将关键字插到非满结点
    insertNonFull(root, k, t);
}
    // 分裂满子结点函数
void splitChild(BTNode* x, int i, int t) {
    BTNode* y = x->children[i];
    BTNode* z = createNode(t, y->leaf);
    z->n = t - 1;
    // 复制关键字到新结点
    for(int j = 0; j < t - 1; j++) {
        z->keys[j] = y->keys[j + t];
    }
    // 复制子结点指针到新结点
    if(! y->leaf) {
        for(int j = 0; j < t; j++) {
            z->children[j] = y->children[j + t];
        }
    }
    y->n = t - 1;
    // 调整父结点的子结点指针
    for(int j = x->n; j >= i + 1; j--) {
```

```
        x->children[j + 1] = x->children[j];
    }
    x->children[i + 1] = z;
    // 调整父结点的关键字
    for(int j = x->n - 1; j >= i; j--) {
        x->keys[j + 1] = x->keys[j];
    }
    x->keys[i] = y->keys[t - 1];
    x->n++;
}
// 插入关键字到非满结点函数
void insertNonFull(BTNode* x, int k, int t) {
    int i = x->n - 1;
    if(x->leaf) {
        // 如果是叶结点,直接插到正确的位置
        while(i >= 0 && x->keys[i] > k) {
            x->keys[i + 1] = x->keys[i];
            i--;
        }
        x->keys[i + 1] = k;
        x->n++;
    } else {
        // 如果不是叶结点,找到合适的子结点并可能执行分裂操作
        while(i >= 0 && x->keys[i] > k) {
            i--;
        }
        if(x->children[i + 1]->n == 2*t - 1) {
            splitChild(x, i + 1, t);
            if(k > x->keys[i + 1]) {
                i++;
            }
        }
        insertNonFull(x->children[i + 1], k, t);
    }
}
// 搜索关键字函数
```

```
bool search(BTNode* x, int k) {
    int i = 0;
    // 查找当前结点中大于或等于k的关键字位置
    while(i < x->n && k > x->keys[i]) {
        i++;
    }
    // 如果找到等于k的关键字,返回true
    if(i < x->n && x->keys[i] == k) {
        return true;
    }
    // 如果是叶结点,返回false
    if(x->leaf) {
        return false;
    }
    // 否则,在子树中递归搜索
    return search(x->children[i], k);
}
int main() {
    int n, t;
    cin >> n >> t;          // 输入包含n个关键字的B-树的最小度数t

    BTNode* root = createNode(t, true);

    // 读取关键字,并插到B-树中
    for(int i = 0, value; i < n; ++i) {
        cin >> value;
        insert(root, value, t);
    }

    int a, b;
    cin >> a >> b;          // 读取待查询的关键字a和b

    // 如果关键字a和b都找得到,则输出YES,否则输出NO
    if(search(root, a) && search(root, b)) {
        cout << "YES\n";
    } else {
```

```
    cout << "NO\n";
  }

  // TODO: Implement memory cleanup for B-Tree
  // 警告:本代码片段中暂未实现B-树的内存清理
  return 0;
}
```

8.5 线性探测再散列

题目描述

请完成如下代码填空题,输入不大于m的n个不为0(0表示空值)的数,用线性探查法解决冲突构造散列表。

输入格式

第一行两个数,分别为关键字个数n和余数p;

第二行为N个关键字的值。

输出格式

输出散列表中的值。−1表示空值。

输入样例

12 13

19 14 23 1 68 20 84 27 55 11 10 79

输出样例

−1 14 1 68 27 55 19 20 84 79 23 11 10 −1 −1 −1

参考代码

```
#include <iostream>
#define M 16 //定义哈希表的长度
#define NULLKEY -1                    //定义空记录的关键字值
using namespace std;
typedef int KeyType;                  //定义关键字类型
typedef struct RecordType{
    KeyType key;
}RecordType;
typedef RecordType HashTable[M]; //哈希表
```

```
//哈希表的插入算法
void HashInsert(HashTable &ht, KeyType key, int p) {
    int i, p0;
    p0 = key % p;
    if(    ①    )//查找失败
        ht[p0].key = key;
    else{
        i = 1;
        do{
            p0 = (    ②    );          //线性探测再散列
            i++;
        }while(ht[p0].key ! = NULLKEY && i <= M-1);
    (    ③    );
    }
}
//哈希表的建表算法,n表示关键字个数
void HashCreate(HashTable &ht, KeyType x[ ], int n, int p){
    int i;
    for(i = 0; i < M; i++)
        ht[i].key = NULLKEY;
    for(i = 0; i < n; i++)
        HashInsert(ht, x[i], p);
}
int main(){
    int key;
    int result;
    int i,j,n,p;
    KeyType k[M];
    HashTable HT;
    cin >> n >> p;
    if(n > M) return 0;
    for(j = 0; j < n; j++)
        cin >> k[j];
    HashCreate(HT, k, n, p);
    for(i = 0; i < M; i++)
        cout << HT[i].key << " ";
```

```
    return 0;
}
```

参考答案

① ht[p0]. key == NULLKEY
② (p0+1) % M
③ ht[p0]. key = key

8.6 二次探测再散列

题目描述

用二次探测法解决冲突构造散列表。

参考代码

略。

8.7 拉链法解决冲突

题目描述

实现哈希表创建及查找算法,哈希函数使用除留余数法,用拉链法处理冲突,并输出平均查找长度。

参考代码

```
#include <iostream>
#define P 13
using namespace std;
typedef struct HashNode{
    int key;
    struct HashNode *next;
}HashNode, *HashTable;
void CreateHash(HashTable HT[], int n){
    int j,key;
    for(j = 1; j <= n;j ++){
```

```
            cin >> key;
            int H0 = key % P;
            HashTable s = new HashNode;
            s->key = key;
            (    ①    );
            (    ②    );
        }
}
float ASL(HashTable HT[]){
    float sum = 0;
    int i,j,cnt = 0;
    for(i = 0; i < P; i++){
        HashTable s = HT[i];
        j=0;
        while(s){
            j++;cnt++;
            (    ③    );
            s = s->next;
        }
    }
    return (   ④   );
}
int main(){
    int i,n;
    HashTable HT[P];
    for(i = 0; i < P; i++)
        HT[i] = NULL;
    cin >> n;
    CreateHash(HT, n);
    cout << ASL(HT);
    return 0;
}
```

参考答案

① s->next = HT[H0]

② HT[H0] = s

③ sum += j

④ sum/cnt

提高篇

8.8 查阅词典

题目描述

在阅读英文文章时,查询不认识的英文单词。现给定一份包含英文单词的文件dictionary. txt,内共有上十万单词,每个单词占一行并且按照从“a”到“z”的顺序排列。由用户输入一个待查找的单词,请分别使用带哨兵的顺序查找、折半查找来进行该单词的查找,返回该单词的行数。

输入格式

给出提示,″请输入要搜索的单词:″,用户输入一个字符串表示待查找的单词。

输出格式

若文件未打开,则输出无法打开文件 dictionary. txt。

若查找单词在文本中,则输出单词在文本文件中的位置(行号)。如果文件中不存在该单词,则输出″单词未找到″。

输入样例 1

datagram

输出样例 1

使用顺序查找找到单词,位于行:2106

使用折半查找找到单词,位于行:2106

输入样例 2

program

输出样例 2

使用顺序查找未找到该单词

使用折半查找未找到该单词

解题思路

问题涉及较大数据量的处理和查找,可以借助vector数据结构来进行数据的存储以提高效率。

参考代码

```
#include <iostream>
#include <fstream>
#include <vector>
#include <string>
using namespace std;
// 带哨兵的顺序查找算法
int SentinelLinearSearch(vector<string>& dictionary, const string& word) {
    int n = dictionary.size();
    // 储存最后一个单词
    string lastWord = dictionary[n - 1];
    // 设置哨兵
    dictionary[n - 1] = word;

    int i = 0;
    // 查找单词
    while(dictionary[i] != word) {
        i++;
    }
    // 恢复最后一个单词
    dictionary[n - 1] = lastWord;

    // 检查是否找到的是哨兵位置的单词
    if(i < n - 1 || lastWord == word) {
        return i + 1;        // 返回行号(索引从1开始)
    }
    return -1;               // 未找到
}
// 折半查找(二分查找)算法
int BinarySearch(const vector<string>& dictionary, const string& word) {
    int low = 0;
    int high = dictionary.size() - 1;
    while(low <= high) {
        int mid = low + (high - low) / 2;
        if(dictionary[mid] < word) {
```

```
            low = mid + 1;
        } else if(dictionary[mid] > word) {
            high = mid - 1;
        } else {
            return mid + 1;             // 返回行号(索引从1开始)
        }
    }
    return -1;                          // 未找到
}
// 主函数
int main() {
    string filePath = "dictionary.txt";
    ifstream file(filePath);
    vector<string> dictionary;

    if(!file) {
        cerr << "无法打开文件 " << filePath << endl;
        return 1;
    }

    // 读取文件中的所有单词到vector中
    string word;
    while(file >> word) {
        dictionary.push_back(word);
    }
    file.close();
    // 提示用户输入待查找的单词
    cout << "请输入要搜索的单词:";
    cin >> word;
    // 使用带哨兵的顺序查找
    int line = SentinelLinearSearch(dictionary, word);
    if(line != -1) {
        cout << "使用顺序查找找到单词,位于行:" << line << endl;
    } else {
        cout << "使用顺序查找未找到该单词。" << endl;
```

```
    }
    // 使用折半查找
    line = BinarySearch(dictionary, word);
    if(line != -1) {
        cout << "使用折半查找找到单词,位于行:" << line << endl;
    } else {
        cout << "使用折半查找未找到该单词。" << endl;
    }
    return 0;
}
```

8.9 园林种植师

题目描述

假设你是一个园林设计师,希望在一片空地上种植树木,你希望这些树木之间的高度差尽量小,同时保证整体的稳定性。请设计一个平衡二叉树算法,来模拟这个种植过程,保证树木的高度尽可能平衡。

输入格式

以逗号分隔结点值的字符串,表示树木高度。

输出格式

一组以空格分隔结点值的字符串。

输入样例

10, 20, 30, 40, 50, 25

输出样例

10 20 25 30 40 50

解题思路

(1) 定义平衡二叉树结点结构,包括数值、左右子结点指针以及结点高度等信息。

(2) 实现插入结点的函数,保证插入结点后树仍然是平衡二叉树。

(3) 实现平衡二叉树的旋转操作,包括左旋和右旋,来保持树的平衡。

(4) 实现计算结点高度的函数,并在插入结点后更新所有相关结点的高度信息。

(5) 实现打印平衡二叉树的函数,便于观察树的结构和高度平衡情况。

参考代码

```
#include <iostream>
#include <algorithm>
using namespace std;
struct TreeNode {
    int val;
    int height;
    TreeNode* left;
    TreeNode* right;
    TreeNode(int v) : val(v), height(1), left(nullptr), right(nullptr) {}
};
int height(TreeNode* node) {
    if(node == nullptr) {
        return 0;
    } else {
        return node->height;
    }
}
int getBalanceFactor(TreeNode* node) {
    if(node == nullptr) {
        return 0;
    } else {
        return height(node->left) - height(node->right);
    }
}
TreeNode* rightRotate(TreeNode* y) {
    TreeNode* x = y->left;
    TreeNode* T2 = x->right;
    x->right = y;
    y->left = T2;
    y->height = 1 + max(height(y->left), height(y->right));
    x->height = 1 + max(height(x->left), height(x->right));
    return x;
}
TreeNode* leftRotate(TreeNode* x) {
```

```
    TreeNode* y = x->right;
    TreeNode* T2 = y->left;
    y->left = x;
    x->right = T2;
    x->height = 1 + max(height(x->left), height(x->right));
    y->height = 1 + max(height(y->left), height(y->right));
    return y;
}
TreeNode* insertNode(TreeNode* root, int val) {
    if (root == nullptr)
        return new TreeNode(val);
    if (val < root->val) {
        root->left = insertNode(root->left, val);
    } else if (val > root->val) {
        root->right = insertNode(root->right, val);
    } else {
        return root; // 重复的结点
    }
    root->height = 1 + max(height(root->left), height(root->right));
    int balance = getBalanceFactor(root);
    if (balance > 1 && val < root->left->val) {
        return rightRotate(root);
    }

    if (balance < -1 && val > root->right->val) {
        return leftRotate(root);
    }
    if (balance > 1 && val > root->left->val) {
        root->left = leftRotate(root->left);
        return rightRotate(root);
    }
    if (balance < -1 && val < root->right->val) {
        root->right = rightRotate(root->right);
        return leftRotate(root);
    }
    return root;
```

```
}
void printTree(TreeNode* root) {
    if (root != nullptr) {
        printTree(root->left);
        cout << root->val << " ";
        printTree(root->right);
    }
}
int main() {
    TreeNode* root = nullptr;
    int arr[] = {10, 20, 30, 40, 50, 25};
    for (int val : arr) {
        root = insertNode(root, val);
    }
    printTree(root);
    return 0;
}
```

8.10 数据安全保护

题目描述

“没有网络安全就没有国家安全”。为了避免群众利益损失,众多企业在保存用户私密信息时会选择以散列值的形式来进行存储,从而实现信息加密,但也会有发生“冲突”的情况,也就是信息存储后保存为了相同的散列值。

假设你所在的公司需要用户使用身份证号进行实名认证,将身份证号平均划分为了9份,将每份的数字求和,沿用十六进制A代表10,B代表11……的规律,将其看作九个十八进制的数字,九个十八进制数字顺次连接,得到一个九位十八进制数字,即为该身份证号字符串的哈希值。请在身份验证发生冲突时设置预警信号。

输入格式

第一行一个整数$N(N<1000)$,为操作的个数。

以下N行,每行一个字符、两个字符串(length<100),中间均以空格分隔。字符代表操作类型,两个字符串代表姓名和身份证,第二个字符串长度为18。

当字符为V时,代表以该姓名和身份证号尝试验证;

当字符为R时,代表尝试注册这组姓名和身份证号,若注册成功则记录在案。

输出格式

*N*行,对于每一个V(验证操作),若验证成功,则输出一行"Successful!";

若验证失败或姓名不存在,则输出一行"Failed!";

若身份证号错误但会通过哈希检测而被放行,则输出一行"Attention!"。

对于每一个R(注册操作),若已存在该身份证号,则输出一行"Repeated!";

否则注册成功,输出一行"Signed!"。

以上输出均不包括引号。

解题思路

(1) 首先,定义了一个辅助函数toEighteenBasedChar,用于将数字转换为十八进制字符。

(2) 定义了一个辅助函数hashID,用于将身份证号转换为对应的散列值。该函数将身份证号的每两位数字分组,对每组求和后取模18,并转换为十八进制字符,最终得到散列值。

(3) 读取输入的数据组数N。

(4) 创建一个unordered_map类型的nameToID,用于存储姓名到身份证号的映射关系。

(5) 创建一个unordered_multiset类型的hashValues,用于存储散列值。

(6) 对于每一组数据:

① 读取操作类型op、姓名name和身份证号id。

② 根据身份证号计算散列值hashedID。

③ 如果操作类型为验证('V'):

• 如果姓名在nameToID中存在,并且对应的身份证号与输入的身份证号相同,则输出"Successful!"。

• 使用count函数检查散列值在hashValues中的出现次数,如果大于1,则输出"Attention!",表示存在冲突。

• 否则,输出"Failed!"。

④ 如果操作类型为注册('R'):

• 如果散列值在hashValues中已经存在,并且对应的姓名与输入的姓名相同,则输出"Repeated!",表示身份证号已经注册过。

• 否则,输出"Signed!",表示成功注册。

(7) 循环结束后,程序执行完毕。

参考代码

```
#include <iostream>
#include <string>
#include <unordered_map>
```

```
using namespace std;
// 将单个数字和转换为其对应的十八进制字符
char sumToHex(int sum) {
    if (sum < 10) {
        return '0' + sum;
    } else {
        return 'A' + (sum - 10);
    }
}
// 通过将给定身份证拆分成9部分,并计算每部分的和转换为十八进制,生成哈希值
string idToHash(const string& id) {
    string hash = "";
    for (int i = 0; i < 18; i += 2) {
        int sum = (id[i] - '0') + (id[i + 1] - '0');
        // Ensure the sum is within [0, 17] for base-18 conversion
        sum = sum % 18;
        hash += sumToHex(sum);
    }
    return hash;
}
int main() {
    int N;
    cin >> N;

    unordered_map<string, string> registeredNames;      // 从姓名映射到身份证
    unordered_map<string, string> registeredIDs;        // 从身份证哈希映射到姓名
    while (N--) {
        char op;
        string name, id;
        cin >> op >> name >> id;

        string idHash = idToHash(id);
        if (op == 'V') {                                    //校验
            if (registeredNames. find (name) ! = registeredNames. end () && registered-
Names[name] == id) {
                cout << "Successful!" << endl;
```

```
        } else if (registeredIDs.find(idHash) != registeredIDs.end() && registeredIDs
[idHash] == name) {
            cout << "Attention!" << endl;
        } else {
            cout << "Failed!" << endl;
        }
    } else if (op == 'R') {        //注册
        if (registeredNames.find(name) == registeredNames.end() && registeredIDs.
find(idHash) == registeredIDs.end()) {
            registeredNames[name] = id;
            registeredIDs[idHash] = name;
            cout << "Signed! " << endl;
        } else {
            cout << "Repeated! " << endl;
        }
    }
}
return 0;
}
```

8.11 字符串哈希(BKDR_Hash)

题目描述

BKDR_Hash函数把一个任意长度的字符串映射成一个非负整数,并且其冲突概率几乎为零。取一固定值P,把字符串看作P进制数,并分配一个大于0的数值,代表每种字符。一般来说,我们分配的数值都远小于P。例如对于小写字母构成的字符串,可以令$a=1,b=2,\cdots,z=26$。取一固定值M,求出该P进制数对M的余数,作为该字符串的Hash值。

输入格式

第一行输入数字,表示将接下来的字符串加入Hash字典中或是检验是否在字典中;
第二行输入字符串。

输出格式

输出字符串,检验字符串是否在字典中。

输入样例

0

anqingshifandaxue

1

anqingshifandaxue

输出样例

insert anqingshifandaxue to HashTable

search anqingshifandaxue from HashTable result = 1

解题思路

本程序的难点是难点主要在于以下几点：

(1) 在将字符串视为P进制数时，需要编写一个函数来将十进制数转换为P进制数。这需要使用除法和模运算。

(2) 需要编写一个函数来计算P进制数对M的余数。这需要使用模运算。

(3) 在处理字符串时，需要使用大量的变量来存储字符、数值和索引等。需要合理地管理这些变量，确保代码的可读性和可维护性。

(4) BKDR_Hash算法的冲突概率几乎为零，但是当字符串很长时，计算量可能会很大。因此，需要考虑优化算法的性能，例如使用更快的字符串处理函数或优化循环结构。

参考代码

```
#include <iostream>
#include <stdio.h>
#include <stdlib.h>
#include <string.h>
using namespace std;
typedef struct Node {                          //表结点定义
    char *str;
    struct Node *next;
} Node;
typedef struct HashTable {                     //哈希表定义
    Node **data;
    int size;
} HashTable;
Node *init_node(char *str, Node *head) { //实例化新结点
    Node *p = new Node;
    p->str = strndup(str);
    p->next = head;
```

```
    return p;                              //配合接收返回值的对象完成链表头插
}
HashTable *init_hashtable(int n) {         //哈希表初始化
    HashTable *h = new HashTable;
    h->size = n << 1;                      //将哈希表长度设置为给定上限的两倍防溢出
    h->data = new Node[h->size];           //实例化Node*类型数组(指针数组)
    return h;
}
int BKDRHash(char *str) {  //计算字符串的hash值
    // 也可以直接把hash定义成unsigned类型
    int seed = 31, hash = 0;  //31优质乘子(前提必是质数)
    for(int i = 0; str[i]; ++i) hash = hash * seed + str[i];  //前缀和方法计算
    return hash & 0x7fffffff;  //处理负数情况  0x7fffffff-->0 + 31个1
}
int insert(HashTable *h, char *str) {  //在哈希表h中插入一个字符串str
    int hash = BKDRHash(str);          //计算出该字符串的哈希值
    int ind = hash % h->size;          //用除留余数法确定在哈希表中的位置
    h->data[ind] = init_node(str, h->data[ind]);  //在目标位置进行头插
    return 1;
}
int search(HashTable *h, char *str) { //在哈希表h中进行查找str
    int hash = BKDRHash(str);          //计算出该字符串的哈希值
    int ind = hash % h->size;          //用除留余数法确定在哈希表中的位置
    Node *p = h->data[ind];            //取出目标位置的头结点
    while(p && strcmp(p->str, str)) p = p->next;   //寻找
    return p != NULL;
}
void clear_node(Node *node) {          //释放结点
    if(node == NULL) return ;
    Node *p = node, *q;
    while(p) {
        q = p->next;
        delete p->str;
        free(p);
        p = q;
    }
```

```
}
void clear_hashtable(HashTable *h) {                    //释放哈希表内存
    if(h == NULL) return ;
    for(int i = 0; i < h->size; ++i) {
        clear_node(h->data[i]);
    }
    delete h->data;
    free(h);
    return ;
}
int main() {
    int op;
    #define max_n 100
    char str[max_n + 5] = {0};
    HashTable *h = init_hashtable(max_n + 5);   //初始化哈希表
    while(~scanf("%d%s", &op, str)) {           //0 插入   1 查找
        switch(op) {
            case 0:
                printf("insert %s to HashTable\n", str);
                insert(h, str);
                break;
            case 1:
                printf("search %s from HashTable result = %d\n", str, search(h, str));
                break;
        }
    }
    #undef max_n
    clear_hashtable(h);
    return 0;
}
```

第9章 排 序

大家是否都会进行文献检索呢？在当今信息爆炸的时代，掌握文献检索技能对于学术研究和知识获取至关重要。以人工智能领域为例，如果你想了解最新的研究成果，可以使用知网这样的学术搜索引擎进行搜索。只需输入相关关键词，系统将自动按照发表时间进行降序排序，让你能够第一时间了解到最新的研究成果和进展。如果你想深入了解某个领域的最有影响力和代表性的研究成果，可以选择按被引频次进行降序排序。这个过程中，知网会把一堆杂乱无章的文献数据按某种规则顺次排列起来，这个过程就叫作排序。生活中有很多常见问题，比如成绩排名、GDP排名、奥运排行榜等，这些问题都可以通过排序算法来解决。另外，细心的你可能发现了，在你检索关键词的时候，知网会自动提示今日热词，那怎么从几百亿条数据中快速地找到今日最热门的几个方向呢？在学完本章后你会找到答案。

思维导图

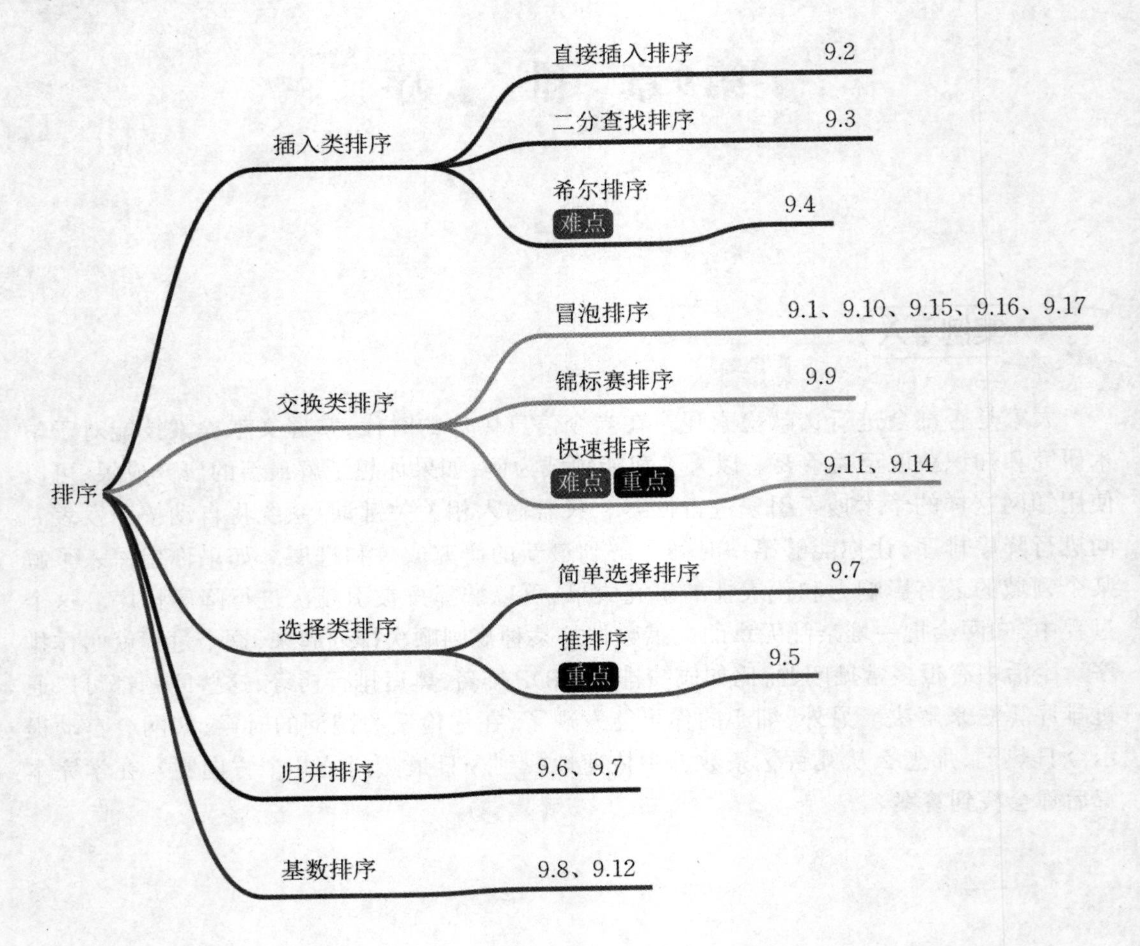

教学目的和教学要求

1. 知识掌握:通过实践,使学生深入理解和掌握各种排序算法的基本思想、实现方法和性能特点。

2. 能力培养:通过分析和解决实际问题,培养学生的算法设计、编程实现和复杂问题求解能力。

3. 工程素养:通过引入工程案例和实际问题,培养学生的工程意识和工程实践能力,使其能够运用所学知识解决实际工程问题。

4. 课程思政:在实验过程中,融入课程思政元素,培养学生的职业道德、团队协作精神和社会责任感。

基础篇

9.1 交换类排序

题目描述

给定一个整数序列,采用冒泡排序和快速排序算法进行排序,输出排序后的结果。

输入格式

在第一行中给出待排序1整数的个数$N1$,另一行中分别给出$N1$个整数,之间用空格隔开。

在第一行中给出待排序2整数的个数$N2$,另一行中分别给出$N2$个整数,之间用空格隔开。

输出格式

分别输出使用冒泡排序和快速排序算法后的结果,每个数字之间用空格分隔。

输入样例

请输入整数序列1的长度:6

请输入整数序列1:11 29 89 64 53 20

请输入整数序列2的长度:10

请输入整数序列2:34 67 23 10 29 89 51 40 90 17

输出样例

使用冒泡排序算法后的整数序列:11 20 29 53 64 89

使用快速排序算法后的整数序列:10 17 23 29 34 40 51 67 89 90

解题思路

冒泡排序

(1) 比较相邻的元素。如果第一个比第二个大(升序排序),就交换它们的位置。

(2) 对每一对相邻元素做同样的工作,从开始第一对到结尾的最后一对。在这一点,最后的元素应该会是最大的数。

(3) 针对所有的元素重复以上的步骤,除了最后一个。

(4) 持续每次对越来越少的元素重复上面的步骤,直到没有任何一对数字需要比较。

快速排序

(1) 从数列中挑出一个元素,称为“基准”(pivot)。

(2) 重新排序数列,所有元素比基准值小的摆放在基准前面,所有元素比基准值大的摆在基准的后面(相同的数可以到任一边)。在这个分区退出之后,该基准就处于数列的中间

位置。这个称为分区(partition)操作。

(3) 递归地(recursive)把小于基准值元素的子数列和大于基准值元素的子数列排序。

参考代码

```
#include <iostream>
using namespace std;
#define MAXSIZE 20                //顺序表的最大长度
typedef int KeyType;              //定义关键字类型为整型
typedef int InfoType;
typedef struct
{
    KeyType key;                  //关键字项
    InfoType otherinfo;           //其他数据项
}DataType;
typedef struct
{
    DataType r[MAXSIZE+1];        //r[0]闲置或做哨兵单元
    int length;                   //顺序表的长度
}SqList;                          //顺序表类型
//冒泡排序
void BubbleSort(SqList &L) {
    int i, j;
    for (i = 1; i < L.length - 1; i++) {
        for (j = 1; j <= L.length - i; j++) {
            if (L.r[j].key > L.r[j + 1].key) {
                // 交换两个元素
                L.r[0]= L.r[j];
                L.r[j] = L.r[j + 1];
                L.r[j + 1] = L.r[0];
            }
        }
    }
}
int Partition(SqList &L,int low,int high)
//对顺序表L中的子表r[low..high]进行一趟排序,返回枢轴位置
{
```

```
    KeyType pivotkey;
    L.r[0]=L.r[low];                    //用子表的第一个记录作枢轴记录
    pivotkey=L.r[low].key;              //枢轴记录关键字保存在pivotkey中
    while(low<high)                     //从表的两端交替地向中间扫描
    {
      while(low<high&&L.r[high].key>=pivotkey)
        --high;
      L.r[low]=L.r[high];               //将比枢轴记录小的记录移到低端
      while(low<high&&L.r[low].key<=pivotkey)
        ++low;
      L.r[high]=L.r[low];               //将比枢轴记录小的记录移到低端
    }
    L.r[low]=L.r[0];
    return low;
}
//快速排序
void QSort(SqList &L,int low,int high)
{
    int pivotloc;
    //调用前置初值:low=1,high=L.length
    //对顺序表L中的子表r[low..high]进行一趟排序,返回枢轴位置
    if(low<high)                        //长度大于1
    {
      pivotloc=Partition(L,low,high);
      //将L.r[low..high]一分为二,pivotlocs是枢轴位置
      QSort(L,low,pivotloc-1);          //对左子表递归排序
      QSort(L,pivotloc+1,high);         //对左子表递归排序
    }
}

void QuickSort(SqList &L)               //对顺序表L做快速排序
{
    QSort(L,1,L.length);
}
int main() {
    SqList L;
```

```
    int i;
    // 从键盘输入整数序列
    cout<<"请输入整数序列1的长度:";
    cin>>L.length;
    cout<<"请输入整数序列1:";
    for (i = 1; i <=L.length; i++) {
        cin>>L.r[i].key;
    }
    // 对整数序列进行冒泡排序
    BubbleSort(L);
    // 输出排序后的整数序列
    cout<<"使用冒泡排序算法后的整数序列:";
    for (i = 1; i <= L.length; i++) {
        cout<<L.r[i].key<<" ";
    }
    cout<<endl;

    cout<<"请输入整数序列2的长度:";
    cin>>L.length;
    cout<<"请输入整数序列2:";
    for (i = 1; i <=L.length; i++) {
        cin>>L.r[i].key;
    }
    // 对整数序列进行快速排序
    QuickSort(L);
    // 输出排序后的整数序列
    cout<<"使用快速排序算法后的整数序列:";
    for (i = 1; i <= L.length; i++) {
        cout<<L.r[i].key<<" ";
    }
    cout<<endl;

    return 0;
}
```

9.2　直接插入排序

题目描述

你正在负责一个大型音乐会的观众入场工作。为了确保观众有序入场，你需要按照他们门票上的座位号进行排序。每位观众手中都有一张门票，上面印有他们的座位号。座位号是唯一的，并且是一个整数。

当观众到达入场处时，你需要编写一个直接插入排序算法将他们按照座位号从小到大进行排序。

输入格式

在第一行有两个数字 n 为待排序数据个数，接下来一行，每一个数字，代表不同的座位号。

输出格式

输出排序后的座位号，数字间以空格分隔，最后一个数字后没有空格。

输入样例

请输入待排序座位号序列的长度:10

请输入观众座位号:13 11 54 9 48 234 123 45 33 28

输出样例

排序后的座位号:9 11 13 28 33 45 48 54 123 234

解题思路

(1) 从第一个元素开始，该元素可以认为已经被排序。

(2) 取出下一个元素，在已经排序的元素序列中从后向前扫描。

(3) 如果该元素(已排序)大于新元素，将该元素移到下一位置。

(4) 重复步骤(3)，直到找到已排序的元素小于或者等于新元素的位置。

(5) 将新元素插到该位置后。

(6) 重复步骤(2)～(5)。

参考代码

```
#include <iostream>
using namespace std;
#include <stdio.h>
// 定义整数序列结构体
typedef struct {
```

```
    int numbers[100];
    int length;
} SqList;
// 直接插入排序函数
void InsertionSort(SqList &L) {
    int i, j, key;
    for (i = 1; i < L.length; i++) {
        key = L.numbers[i];
        j = i - 1;
        // 将大于key的元素向后移动
        while (j >= 0 && L.numbers[j] > key) {
            L.numbers[j + 1] = L.numbers[j];
            j = j - 1;
        }
        L.numbers[j + 1] = key;
    }
}
int main() {
    SqList L;
    int i;
    // 从键盘输入整数序列
    cout<<"请输入待排序座位号序列的长度:";
    cin>>L.length;
    cout<<"请输入观众座位号:";
    for (i = 0; i < L.length; i++) {
        cin>>L.numbers[i];
    }
    // 对整数序列进行排序
    InsertionSort(L);
    // 输出排序后的整数序列
    cout<<"排序后的座位号:";
    for (i = 0; i < L.length; i++) {
        cout<<L.numbers[i]<<" ";
    }
    cout<<endl;
    return 0;
}
```

9.3 折半插入排序

题目描述

假设你是医院的工作人员,你需要对大量病人的姓名按照字母顺序进行排序。请你编写一个程序,能接收一个包含病人姓名的字符串数组,并使用折半插入排序算法对其进行排序。

输入格式

在第一行有一个数字n为待排序病人姓名个数,接下来n行,每行一串字母,代表不同的病人姓名。

输出格式

输出按字母排序后的病人姓名,每个病人姓名之间用空格分开。

输入样例

请输入病人姓名的个数:10
请输入病人姓名:
Chloe
Alexander
Sophia
Ethan
Ava
William
Isabella
James
Olivia
Michael

输出样例

Alexander Ava Chloe Ethan Isabella James Michael Olivia Sophia William

解题思路

(1) 开始排序:从第二个元素开始,认为第一个元素已经位于排序序列中。

(2) 选取待插入元素:在每一轮排序中,选取当前位置的元素作为待插入元素。

(3) 二分查找插入位置:

① 设置查找范围,low指向排序序列的起始位置,high指向当前元素的前一个位置。

② 进行二分查找,在排序序列中找到待插入元素的正确位置。二分查找的过程中,计算中间位置mid,比较mid位置的元素与待插入元素的大小,根据比较结果调整low或high的值,直到low超过high。

(4) 移动元素:一旦找到插入位置,从当前元素位置到插入位置之间的所有元素都向后移动一位,为新元素腾出空间。

(5) 插入元素:将待插入元素放置到找到的正确位置上。

(6) 重复过程:对于每一个未排序的元素重复步骤(2)到步骤(5),直到所有元素都被插入排序序列中。

参考代码

```
#include <iostream>
using namespace std;
#define MAXSIZE 20                    //顺序表的最大长度
#include <string>
typedef string KeyType;               //定义关键字类型为整型
typedef int InfoType;
typedef struct
{
   KeyType key;                       //关键字项
   InfoType otherinfo;                //其他数据项
}RedType;
typedef struct
{
   RedType r[MAXSIZE+1];              //r[0]闲置或做哨兵单元
   int length;//顺序表的长度
}SqList;//顺序表类型

void BInsertSort(SqList &L)           //对顺序表L做折半插入排序
{
   int low,high,m;
   for(int i=2;i<=L.length;i++)
   {
      L.r[0]=L.r[i];                  //将待插入的记录暂存到监视哨中
      low=1;
      high=i-1;                       //置查找区间初值
```

```
        while(low<=high)            //在r[low..high]中折半查找插入的位置
        {
          m=(low+high)/2;
          if(L.r[0].key<L.r[m].key)
            high=m-1;               //插入点在前一子表
          else
            low=m+1;                //插入点在后一子表
        }
        for(int j=i-1;j>=high+1;--j)
          L.r[j+1]=L.r[j];
        L.r[high+1]=L.r[0];
    }
}

int main()
{
    SqList L;
    int i;
    cout<<"请输入待排序的数的个数:";
    cin>>L.length;
    cout<<"请输入待排序的数:"<<endl;
    for (i = 1; i <= L.length; i++) {
      cin>>L.r[i].key;
    }
    BInsertSort(L);
    cout<<"排序后的结果为:";
    for(int i=1;i<=L.length;i++)
      cout<<L.r[i].key<<" ";
    cout<<endl;
    return 0;
}
```

9.4 希尔排序

题目描述

随着安庆市经济的蓬勃发展,各县区国内生产总值(GDP)排名新鲜出炉,展现了一幅安庆市经济版图的壮丽画卷。请根据给出的各县区的GDP数据,采用希尔排序算法进行排序。

输入格式

第一行输入整数length,表示待排序序列的个数;

第二行为n个待排序的GDP数据(单位为亿元),每个成绩之间用空格分隔。

输出格式

输出排序后的GDP序列,数字之间用空格分隔。

输入样例

请输入待排序GDP个数:10

请输入GDP数据(单位为亿元):452.02 344.9 305.6 262.52 253.1 237.2 211.9 210.85 202.49 233.18

输出样例

排序后的GDP:202.49 210.85 211.9 233.18 237.2 253.1 262.52 305.6 344.9 452.02

解题思路

(1) 定义了新的数据类型,用于存储关键字(这里是GDP数据,定义为浮点数)和其他信息(定义为整数)。

(2) SqList结构体用于表示顺序表,包含一个DataType数组和一个表示顺序表长度的整数。

(3) 定义OneShellSort函数:

① 这个函数执行一趟增量为dk的希尔插入排序。

② 它遍历顺序表,并使用一个临时存储单元(L. r[0])来存储要移动的元素。

③ 如果当前元素的关键字小于它前面距离为dk的元素的关键字,那么就将当前元素插到正确的位置。

(4) 定义ShellSort函数:

① 这个函数按照给定的增量序列dlta[]对顺序表L执行希尔排序。

② 它调用OneShellSort函数多趟,每趟使用一个不同的增量。

参考代码

略。

9.5 堆 排 序

题目描述

在一个被称为“富裕村”的村庄中,居民们的财富普遍相当可观。这个村庄的特色是,有很多家庭的资产都超过了亿元。假设给出富裕村N个人的个人资产值,请使用堆排序对大富翁的资产进行排序,并快速找出资产排前M位的大富翁。

输入格式

第一步输入一个正整数N,其中n为总人数;

第二步输入N个人的个人资产值,以百万元为单位,为不超过长整型范围的整数。数字间以空格分隔;

第三步输入一个整数M,表示需要找出的资产排前M位的大富翁。

输出格式

首先输出通过堆排序算法对资产进行排序是结果;

然后按非递增顺序输出资产排前M位的大富翁的个人资产值。数字间以空格分隔,但结尾不得有多余空格。

输入样例

9

9 18 16 23 12 6 11 4 20

请输入需要找出的大富翁数量M: 5

输出样例

堆排序后的结果为4 6 9 11 12 16 18 20 23

资产排前5位的大富翁的资产值为20 18 16 12 11

解题思路

(1) 定义数据类型DataType,它包含一个关键字key和其他信息otherinfo.

(2) 定义顺序表的数据类型SqList,它包含一个DataType数组和一个表示顺序表长度的整数。

(3) 定义HeapAdjust函数用于调整堆,确保它满足大根堆的性质。它从给定的子树开始,与其子节点比较并交换,以确保父节点大于其子节点。

(4) 定义CreatHeap函数把一个无序的序列转换成一个大根堆。

(5) 定义HeapSort函数,调用CreatHeap函数来建立一个大根堆,并反复地从堆中删除最大元素并将其放在序列的末尾,直到整个序列被排序。

参考代码

略。

9.6 归并排序

题目描述

在一个神秘的密室逃脱游戏中,你和你的团队被困在了一个房间里。房间里有很多门,但只有一扇门是通向外面的出口。你们注意到,每扇门上都有一个数字锁,需要输入正确的数字才能打开。

你们发现了一张纸条,上面写着:"要找到出口,你们必须将下面一串无序的数字进行一种操作,即采用归并排序,变成一串有序的数字。"

通过不断地探索答案,你们最终得到了一个从小到大排序好的数字序列,门锁"咔嚓"一声打开了!你们顺利地逃脱了这个密室。

输入格式

第一行为一个整数n,表示序列长度;

第二行为n个整数,表示一串无序的数字,每个数之间用空格分隔。

输出格式

在一行中输出排序后的数字。

输入样例

```
7
2 5 0 7 4 1 9
```

输出样例

```
0 1 2 4 5 7 9
```

解题思路

(1) 定义MSort函数:递归地将序列R[low..high]分成更小的子序列,直到每个子序列只有一个元素,然后调用Merge函数将它们合并成排序好的序列T[low..high]。

(2) 定义Merge函数:将两个已排序的子序列R[low..mid]和R[mid+1..high]合并为一个有序序列T[low..high]。该函数通过比较两个子序列的当前元素来选择较小的元素,并将其复制到T中。当一个子序列的元素全部复制完后,将另一个子序列的剩余元素复制到T中。

(3) 定义MergeSort函数:对外提供的排序函数,它调用MSort函数对SqList类型的顺序表L中的元素进行归并排序。

参考代码

```
#include <iostream>
using namespace std;
#define MAXSIZE 20                    //顺序表的最大长度
typedef int KeyType;                  //定义关键字类型为整型
typedef int InfoType;
typedef struct
{
   KeyType key;                       //关键字项
   InfoType otherinfo;                //其他数据项
}DataType;
typedef struct
{
   DataType r[MAXSIZE+1];             //r[0]闲置或做哨兵单元
   int length;                        //顺序表的长度
}SqList;                              //顺序表类型

void Merge(DataType R[],DataType T[],int low,int mid,int high)
{ //将有序表R[low..mid]和R[mid+1,high]归并为有序表T[low..high]
   int i=low,j=mid+1,k=low;
   while(i<=mid&&j<=high)             //将R中的记录由小到大地并入T中
   {
      if(R[i].key<R[j].key)
         T[k++]=R[i++];
      else
         T[k++]=R[j++];
   }
   while(i<=mid)                      //将剩余的R[i..mid]复制到T中
      T[k++]=R[i++];
   while(j<=high)                     //将剩余的R[j..high]复制到T中
      T[k++]=R[j++];
}

void MSort(DataType R[],DataType T[],int low,int high)
{//将有R[low..high]归并为T[low..high]
```

```
    DataType S[20];
    if(low==high)
        T[low]=R[low];
    else
    {
        int mid=(low+high)/2;
        MSort(R,S,low,mid);
        MSort(R,S,mid+1,high);
        Merge(S,T,low,mid,high);
    }
}

void MergeSort(SqList &L)                //对顺序表L做归并排序
{
    MSort(L.r,L.r,1,L.length);
}
int main()
{
    SqList L;
    cin>>L.length;
    cout<<"请输入待排序的数字:";
    for (int i =1; i <= L.length; i++) {
        cin>>L.r[i].key;
    }

    MergeSort(L);
    cout<<"排序后的结果为:";
    for(int i=1;i<=L.length;i++)
        cout<<L.r[i].key<<" ";
    cout<<endl;
    return 0;
}
```

9.7　简单选择排序

题目描述

使用简单排序算法编写一个程序，实现花瓣排序。假设有一束鲜花，每朵花的花瓣数已知且不重复，要求按照花瓣数从小到大进行排序。

要求：

(1) 使用结构体数组存储鲜花的信息(包括花名和花瓣数)。

(2) 输入的花朵数量不超过100。

(3) 输出花瓣排序后的花名。

输入格式

第一行输入一个正整数n；

接下来n行分别输入n个花名和花瓣数量，花名和花瓣数量之间用空格分隔。

输出格式

输出花瓣排序后的花名，各花名之间用空格分隔。

输入样例

请输入花朵数量：5

请输入花名和花瓣数(空格分隔)：

Rose 10

Sunflower 8

Tulip 6

Lily 12

Daisy 4

输出样例

花瓣排序后的花名：Daisy Tulip Sunflower Rose Lily

解题思路

(1) 定义一个结构体表示每朵花的信息，包括花名和花瓣数。

(2) 使用结构体数组存储所有花的信息，并从用户输入中获取。

(3) 采用简单选择排序算法，按照花瓣数从小到大进行排序。

(4) 输出排序后的花名即可。

参考代码

```
#include <iostream>
using namespace std;
#define MAXSIZE 20                    //顺序表的最大长度
typedef int KeyType;                  //定义关键字类型为整型
typedef int InfoType;
#include <string.h>
#define MAX_FLOWERS 100
typedef struct
{
   char name[20];
   int petals;
}RedType;
typedef struct
{
   RedType r[MAXSIZE+1];              //r[0]闲置或做哨兵单元
   int length;                        //顺序表的长度
}SqList;                              //顺序表类型
void SelectSort(SqList &L)            //对顺序表L做简单选择排序
{
   RedType t;
   for(int i=0;i<L.length-1;++i)//在L.r[i..L.length]中选择关键字最小的记录
   {
      int k=i;
      for(int j=i+1;j<L.length;j++)
         if(L.r[j].petals<L.r[k].petals)
            k=j;                      //k指向此趟排序中关键字最小的记录
      if(k!=i)
      {
         t=L.r[i];
         L.r[i]=L.r[k];
         L.r[k]=t;
      }
   }
```

```
}
int main() {
    SqList L;
    cout << "请输入花朵数量:";
    cin >> L.length;
    cout << "请输入花名和花瓣数(空格分隔):" << endl;
    for (int i = 0; i < L.length; i++) {
        cin >> L.r[i].name >> L.r[i].petals;
    }
    SelectSort(L);
    cout << "花瓣排序后的花名:";
    for (int i = 0; i < L.length; i++) {
        cout << L.r[i].name << " ";
    }
    cout << endl;
    return 0;
}
```

9.8　基数排序

题目描述

在一个古老的王国里,国王决定举办一场盛大的庆典来庆祝丰收季节的到来。作为庆典的一部分,国王决定举办一场特殊的比赛,邀请所有的村民参与。比赛的规则非常简单:每个村民都必须带一定数量的粮食来参加,国王要根据他们带来的粮食数量进行排序,并给予排序最准确的前三名村民丰厚的奖励。

然而,村民们带来的粮食数量巨大,且都是以袋为单位,这使得排序工作变得异常艰难。传统的排序方法,如冒泡排序或插入排序,对于如此大量的数据来说效率太低。国王的智囊团开始寻找一个更高效的解决方案。

这时,一个小女孩站了出来。她向国王提出了一个名为"基数排序"的方法。她解释说,如果我们可以将每个村民的粮食数量转换为一个特定的数字,那么我们就可以根据每个数字的个位、十位、百位……来进行排序,这样效率会大大提高。

输入格式

第一行输入一个数字n,表示参加比赛的村民数量;

第二行到$n+1$行分别输入每个村民的姓名和拥有粮食的数量。

输出格式

输出排序后村民的姓名和粮食数量,以及能获得丰厚奖励的三位村民的姓名。

输入样例

请输入村民的数量:5

请输入村民的姓名和拥有粮食的数量1:001 556

请输入村民的姓名和拥有粮食的数量2:002 443

请输入村民的姓名和拥有粮食的数量3:003 112

请输入村民的姓名和拥有粮食的数量4:004 89

请输入村民的姓名和拥有粮食的数量5:005 238

输出样例

排序后村民的姓名和粮食数量为

004:89

003:112

005:238

002:443

001:556

能获得丰厚奖励的三位村民为

001

002

005

解题思路:

(1) 定义getMaxDigits函数用于获取数字的最大位数。

(2) 定义一个基数排序函数,对输入的数据进行从小到大排序,其中基数排序算法的思想如下:

① 将所有待排序数值统一为同样的数位长度,数位较短的数前面补零。

② 从最低位到高位开始,依次进行一次排序。

③ 重复上述过程,直到所有位都排完为止。最终得到的排序结果就是排好序的元素序列。

通过基数排序算法对数组{52,4,512,760,18,214,154,63,616}进行排序,它的示意图如图9.1所示:

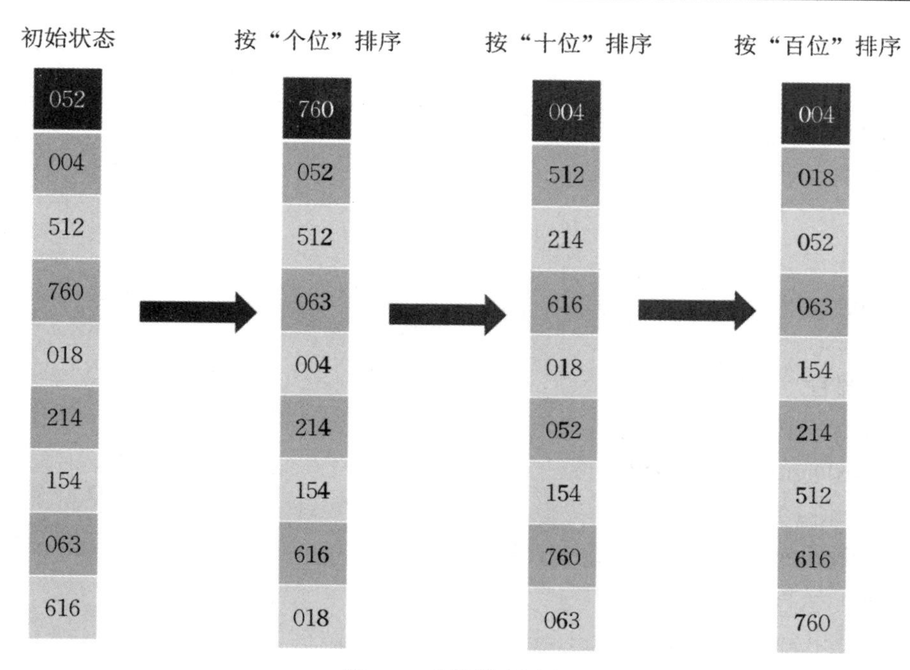

图9.1　基数排序过程

参考代码

```
#include <iostream>
using namespace std;
#include <stdio.h>
#include <stdlib.h>
#include <string.h>
typedef struct {
    char name[50];
    int food;
} Villager;
typedef struct {
    Villager* data;
    int size;
} SeqList;
// 获取数字的最大位数
int getMaxDigits(SeqList* L) {
    int max = L->data[0].food;
    for (int i = 1; i < L->size; i++) {
        if (L->data[i].food > max) {
```

```
        max = L->data[i].food;
    int digits = 0;
    while (max > 0) {
        digits++;
        max /= 10;
    }
    return digits;
}
//基数排序
void radixSort(SeqList* L) {
    int maxDigits = getMaxDigits(L);
    int count[10];
    Villager* temp = new Villager[L->size];
    int exp = 1;
    for (int i = 0; i < maxDigits; i++) {
        memset(count, 0, sizeof(count));
        for (int j = 0; j < L->size; j++) {
            count[(L->data[j].food / exp) % 10]++;
        for (int j = 1; j < 10; j++) {
            count[j] += count[j - 1];
        for (int j = L->size - 1; j >= 0; j--) {
            temp[count[(L->data[j].food / exp) % 10] - 1] = L->data[j];
            count[(L->data[j].food / exp) % 10]--;
        }
        for (int j = 0; j < L->size; j++) {
            L->data[j] = temp[j];
        exp *= 10;
    }
    //释放动态分配的内存
    delete[] temp;
}
int main() {
    int n;
    cout<<"请输入村民的数量:";
    cin>>n;
    SeqList L;
```

```
    L. data = new Villager[n];
    L. size = n;
    for (int i = 0; i < n; i++) {
        cout << "请输入村民的姓名和拥有粮食的数量 " << i + 1 << ": ";
        cin >> L. data[i]. name >> L. data[i]. food;
    }
    // 调用基数排序算法
    radixSort(&L);
    // 输出排序结果
    cout << "排序后村民的姓名和粮食数量为:" << endl;
    for (int i = 0; i < n; i++) {
        cout << L. data[i]. name << ": " << L. data[i]. food << endl;
        // 释放动态分配的内存
    delete[ ] L. data;
    return 0;
}
```

9.9　树 形 排 序

题目描述

在某校举行的丢硬币游戏中，共有 8 名同学参加，校方采用了树形排序的方法，让每两位选手通过丢硬币决定胜负，在经过多轮比赛之后，最终确定了每个选手的名次。

输入样例

无须输入，在程序中初始化8名选手的信息。

输出样例

第1轮比赛结果:
选手2,分数:1,名次:1
选手3,分数:1,名次:2
选手6,分数:1,名次:3
选手7,分数:1,名次:4
选手1,分数:0,名次:5
选手4,分数:0,名次:6
选手5,分数:0,名次:7

选手8,分数:0,名次:8
第2轮比赛结果:
选手2,分数:2,名次:1
选手7,分数:2,名次:2
选手3,分数:1,名次:3
选手6,分数:1,名次:4
第3轮比赛结果:
选手7,分数:3,名次:1
选手2,分数:2,名次:2

解题思路

(1) 定义一个选手结构体,其中包含选手的编号、分数和名次。

(2) 初始化选手信息,包括选手的编号、分数和名次。

(3) 使用树形排序算法模拟比赛过程,通过丢硬币决定每两个选手的胜负,更新选手的分数和名次。

(4) 根据选手的分数进行排序,并输出每轮比赛后的名次结果。

参考代码

```
#include <iostream>
#include <cstdlib>
#include <ctime>
using namespace std;
typedef struct {
    int id;                                  // 选手编号
    int score;                               // 选手分数
    int rank;                                // 选手名次
} Player;
typedef struct {
    Player players[8];
    int size;                                // 选手的数量
} SeqList;
int compare(const void* a, const void* b) {
    Player* playerA = (Player*)a;
    Player* playerB = (Player*)b;
    return playerB->score - playerA->score;  // 按照分数降序排序
}
void treeSort(SeqList &L) {
```

```
    int numRounds = (L.size == 8) ? 3 : 4;      // 根据选手人数确定比赛轮数
    for (int round = 1; round <= numRounds; round++)
    {
        int numMatches = L.size / 2;
        for (int i = 0; i < numMatches; i++)
        {
            Player* player1 = &L.players[i * 2];
            Player* player2 = &L.players[i * 2 + 1];
            int result = rand() % 2;
            if (result == 0)
            {
                player1->score++;
                } else {
                player2->score++;
            }
        }
        qsort(L.players, L.size, sizeof(Player), compare);
        for (int i = 0; i < L.size; i++)
        {
            L.players[i].rank = i + 1;
        }
        cout << "第" << round << "轮比赛结果:" << endl;
        for (int i = 0; i < L.size; i++)
        {
            cout << "选手" << L.players[i].id << "," << "分数:" <<
            L.players[i].score << "," << "名次:" << L.players[i].rank <<
            endl;
        }
        cout << "------------------------" << endl;
        L.size /= 2;
        }
}
int main() {
    srand(time(NULL));
    SeqList L;
    L.size = 8;
```

```
    for (int i = 0; i < L.size; i++)
    {
    L.players[i].id = i + 1;
    L.players[i].score = 0;
    L.players[i].rank = 0;
    }
    treeSort(L);
    return 0;
}
```

提高篇

9.10 神秘的“逆序对”

题目描述

在一个古老的王国里,有一种被称为“逆序对”的神秘概念,这东西是这样定义的:对于给定的一段正整数序列,逆序对就是序列中$a_i > a_j$且$i < j$的有序对。它被认为是混乱和破坏的象征。这个王国的国王非常明智,他深知逆序对的危害,因此他颁布了一道法令,要求所有的子民在日常生活中避免形成逆序对。

然而,有一天,一位邪恶的巫师来到了这个王国。他想要通过制造混乱来夺取王位,于是他利用自己的魔法力量,在王国的各个角落制造了大量的逆序对。一时间,整个王国陷入了一片混乱之中,人们的生活变得异常艰难。

国王得知了这个消息,非常愤怒和担忧。他知道如果不尽快解决这个问题,整个王国都有可能毁在巫师的手中。于是,他决定召集王国里最聪明的数学家和魔法师来算出给定的一段正整数序列中逆序对的数目。

输入格式

第一行为一个整数n,表示序列中有n个数;

第二行为n个整数,表示给定的序列。序列中每个数字不超过10的9次方。

输出格式

输出序列中逆序对的数目。

输入样例

5

5 4 2 6 3

输出样例

6

解题思路1

最容易联想到的一种思路是枚举整个数组，从这个数开始往后枚举，挨个判断，时间复杂度$O(n$的平方)。

参考代码1

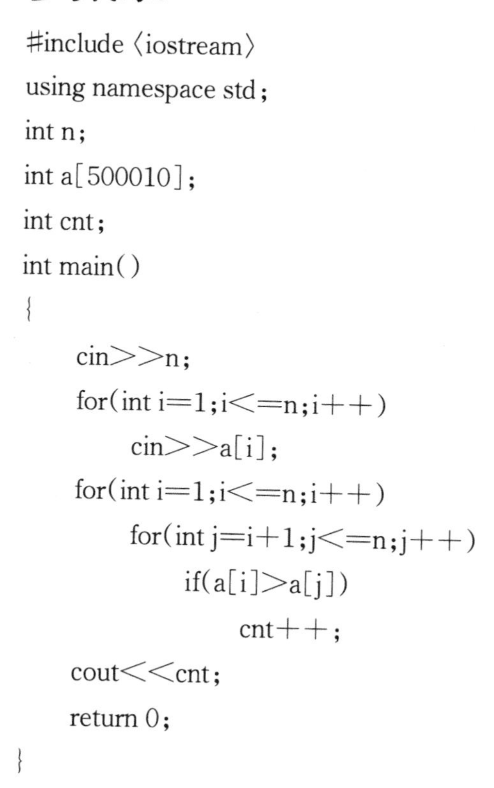

```
#include <iostream>
using namespace std;
int n;
int a[500010];
int cnt;
int main()
{
    cin>>n;
    for(int i=1;i<=n;i++)
        cin>>a[i];
    for(int i=1;i<=n;i++)
        for(int j=i+1;j<=n;j++)
            if(a[i]>a[j])
                cnt++;
    cout<<cnt;
    return 0;
}
```

解题思路2

采用归并排序思想：

(1) 定义结构体SeqList，包含一个整数数组data和一个整数size，分别用于存储序列的数据和序列的大小。

(2) 定义MergePass函数是归并排序的一个辅助函数，用于合并两个已排序的子序列，并计算这两个子序列之间的逆序对。函数采用四个参数：要排序的序列L，以及三个整数left、mid和right，它们定义了要操作的子序列的范围。在函数内部，它使用了指针i和j来遍历两个子序列，并使用temp数组来存储合并后的结果。每当右侧子序列中的一个元素小于左侧子序列中的一个元素时，就找到了一个逆序对，并增加sum的值。

(3) 定义MergeSort主函数,主要包含三个参数:要排序的序列L,以及两个整数left和right,定义了要排序的子序列的范围。函数首先检查子序列的大小是否大于1,如果是,则递归地将子序列分成更小的部分,并使用MergePass函数合并它们。这是归并排序算法的典型分治策略。

参考代码2

```
#include <iostream>
using namespace std;
#define maxn 40001
typedef struct {
  int data[maxn];
  int size;
} SeqList;
int temp[maxn];
int sum = 0;
void MergePass(SeqList &L, int left, int mid, int right)
{
  int k = 0, i = left, j = mid + 1;
  while (i <= mid && j <= right) {
    if (L.data[i] < L.data[j])
       temp[k++] = L.data[i++];
    else {
       temp[k++] = L.data[j++];
       sum += (mid - i + 1);
    }
  }
  while (i <= mid)
    temp[k++] = L.data[i++];
  while (j <= right)
    temp[k++] = L.data[j++];
  for (int i = 0; i < k; i++)
    L.data[left + i] = temp[i];
}
void MergeSort(SeqList &L, int left, int right)
{
  if (left < right) {
```

```
        int mid = (left + right) / 2;
        MergeSort(L, left, mid);
        MergeSort(L, mid + 1, right);
        MergePass(L, left, mid, right);
    }
}
int main() {
    SeqList L;
    cin >> L.size;
    for (int i = 1; i <= L.size; i++)
        cin >> L.data[i];
    MergeSort(L, 1, L.size);
    cout << sum << endl;
    return 0;
}
```

9.11 亚　运　会

题目描述

“比赛是短暂的,但背后的努力和汗水是永恒的。”在2023年的杭州亚运会上,各个国家和地区的运动员们经过激烈的比赛,终于迎来了颁奖时刻。观众们热切期待看到获奖运动员们的排名和成绩。为了方便观众查看,组委会决定将获奖运动员按照他们的成绩进行降序排序,并展示在大型屏幕上。

输入格式

第一行输入一个数字m,表示本场比赛的运动员数量;

接下来$2m$行,每两行分别表示一个运动员的姓名和成绩。

输出格式

输出降序排序后运动员的姓名和成绩,每一位运动员的姓名和成绩独占一行。

输入样例

请输入运动员的数量:5

请输入第1位运动员的名字:A

请输入第1位运动员的成绩:8.5

请输入第2位运动员的名字:B

请输入第2位运动员的成绩：9.2
请输入第3位运动员的名字：C
请输入第3位运动员的成绩：8.8
请输入第4位运动员的名字：D
请输入第4位运动员的成绩：9.0
请输入第5位运动员的名字：E
请输入第5位运动员的成绩：9.7

输出样例

运动员 E 成绩：9.7
运动员 B 成绩：9.2
运动员 D 成绩：9.0
运动员 C 成绩：8.8
运动员 A 成绩：8.5

解题思路

使用快速排序算法进行求解。

参考代码

```
#include <iostream>
#include <iomanip>
using namespace std;
// 使用 typedef 定义运动员结构体
typedef struct {
   char name[20];
   float score;
} Athlete;
// 顺序表结构体
typedef struct {
   Athlete athletes[100];      // 假设最多有 100 名运动员
   int size;                   // 实际运动员数量
} SeqList;
// 交换两个元素的位置
void swap(Athlete* a, Athlete* b) {
   Athlete t = *a;
   *a = *b;
   *b = t;
```

```
}
// 根据成绩进行分区
int partition(SeqList &L, int low, int high) {
    float pivot = L.athletes[high].score;
    int i = (low - 1);
    for (int j = low; j <= high - 1; j++) {
        if (L.athletes[j].score > pivot) {
            i++;
            swap(&L.athletes[i], &L.athletes[j]);
        }
    }
    swap(&L.athletes[i + 1], &L.athletes[high]);
    return (i + 1);
}
// 快速排序算法
void quickSort(SeqList &L, int low, int high) {
    if (low < high) {
        int pi = partition(L, low, high);
        quickSort(L, low, pi - 1);
        quickSort(L, pi + 1, high);
    }
}
int main() {
    SeqList L;
    cout << "请输入运动员的数量:";
    cin >> L.size;
    for (int i = 0; i < L.size; i++) {
        cout << "请输入第" << i + 1 << "位运动员的名字:";
        cin >> L.athletes[i].name;
        cout << "请输入第" << i + 1 << "位运动员的成绩:";
        cin >> L.athletes[i].score;
    }
    quickSort(L, 0, L.size - 1);
    cout << "按成绩从高到低排序后的运动员列表:" << endl;
    for (int i = 0; i < L.size; i++) {
        cout << "运动员 " << L.athletes[i].name << " 成绩:" << fixed << set-
```

```
precision(1) << L.athletes[i].score << endl;
    }
    return 0;
}
```

9.12 学龄统计

题目描述

位于某城市的大型综合学校——阳光中学,迎来了新的学年。这所学校有着悠久的历史和优秀的教育质量,吸引了来自不同家庭背景的学生前来就读。随着新学期的开始,学校发现学生之间的年龄差异较大。

因此,为了更好地了解学生群体和提供有针对性的教育服务,学校决定进行一次全面的学生年龄统计,目的是统计出每个年龄段有多少学生。

输入格式

第一行输入首先给出正整数N,即学生总人数;

第二行输入N个整数,即每个学生的年龄,范围在[0, 20],每个数字之间用空格分隔。

输出格式

按年龄的递增顺序输出每个年龄的学生人数,每项占一行。

输入样例

请输入学生人数:8

请输入每个学生的年龄:12 14 14 13 12 12 15 16

输出样例

年龄为 12 的学生有 3 人

年龄为 13 的学生有 1 人

年龄为 14 的学生有 2 人

年龄为 15 的学生有 1 人

年龄为 16 的学生有 1 人

解题思路1

(1) 利用一个数组,初始化为0,数组的下标作为学生年龄的大小。

(2) 当读入一个学生年龄,对应的数组下标位置的值+1。

(3) 遍历整个数组,数组值为0的不输出。

参考代码1

```
#include <iostream>
using namespace std;
int age[51];
int main()
{
    int n;
    cout<<"请输入学生人数:";
    cin>>n;
    cout<<"请输入每个学生的年龄:";
    for(int i=0;i<n;i++){
        int a;
        cin>>a;
        age[a]++;
    }
    for(int i=0;i<51;i++){
        if(age[i]>0){
            cout<<"年龄为"<<i<<"的学生有"<<age[i]<<"人"<<endl;
        }
    }
    return 0;
}
```

解题思路2

采用桶排序思想:

(1) 定义一个名为SeqList的结构体,它包含一个整数数组ages(最大长度为100)和一个整数size。其中,ages用于存储学生的年龄,而size表示学生的数量。

(2) 定义bucketSort的函数,用于对SeqList中的学生年龄进行桶排序。桶排序是一种排序算法,适用于对特定范围内的整数进行排序。在这个实现中,桶排序被用于统计每个年龄有多少学生。

参考代码2

```
#include <iostream>
using namespace std;
typedef struct {
```

```
    int ages[100];
    int size;
} SeqList;
void bucketSort(SeqList &L) {           //桶排序
    int max = L.ages[0];
    for (int i = 1; i < L.size; i++) {
        if (L.ages[i] > max) {
            max = L.ages[i];
        }
    }
    int bucket[max + 1];
    for (int i = 0; i <= max; i++) {
        bucket[i] = 0;
    }
    for (int i = 0; i < L.size; i++) {
        bucket[L.ages[i]]++;
    }
    for (int i = 0; i <= max; i++) {
        if (bucket[i] != 0) {
            cout << "年龄为" << i << "的学生有" << bucket[i] << "人" << endl;
        }
    }
}
int main() {
    SeqList L;
    cout << "请输入学生人数:";
    cin >> L.size;
    cout << "请输入每个学生的年龄:";
    for (int i = 0; i < L.size; i++) {
        cin >> L.ages[i];
    }
    bucketSort(L);
    return 0;
}
```

9.13 今天你刷抖音了吗

题目描述

我们在探索短视频的海洋中,不仅要看到其中的娱乐价值,更要洞察其背后的社会影响和价值导向。

抖音是一款以短视频为主要内容的社交媒体应用,它允许用户创作、分享和观看各种形式的短视频。在抖音上,用户可以轻松浏览各种音乐、舞蹈、表演、搞笑、旅行、美食等内容,并通过点赞、评论和分享等互动方式与其他用户进行交流。

因此,它的出现成为了我们打发时间的一种方式,但是有些同学进去看到有趣的视频就会停不下来,导致沉迷于此。当你进入和退出抖音的时候它的后台都有一个记录数据,即进入抖音的时间和退出的时间。你的辅导员想知道你们班每位同学每天刷抖音的情况,于是就向抖音平台要了你们班的后台记录数据,但是这些数据都是零散的,你的辅导员让你帮他将每一个同学刷抖音视频的时间按从小到大排序。

输入格式

在第一行给两个整数n和m($1 \leqslant n \leqslant 1000$,$0 \leqslant m \leqslant 10$^4),$n$代表你们班上的人数,$m$代表数据的条数,接下来$m$行每行给一组数据,格式为学号 进入时间 退出时间,你们班的学号为从0～$n-1$编号并且为三位数。题目保证给出的所有时间均是同一天之内的。

输出格式

将每个同学一天中刷快手的总时间从小到大排序输出(若出现并列情况,则按学号从小到大输出),输出格式为学号 时间,最后输出最长的时间。

注意:输出和输出的学号为三位数(不足三位补前导0),输出的时间格式为00:00:00。

输入样例

```
3 5
000 19:48:30 19:59:24
002 18:45:40 19:01:20
000 21:32:28 21:53:30
001 12:30:16 12:43:19
001 13:05:36 13:37:33
```

输出样例

```
002 00:15:40
000 00:31:56
001 00:45:00
```

解题思路

(1) 定义的一个结构体。这个结构体被命名为student,代表一个学生的信息。这个student结构体包含以下五个成员(id,total_seconds,hours,minutes,seconds)。

(2) 定义了一个compare的函数,该函数接受两个student结构体作为参数,并返回一个布尔值bool。这个函数主要用于比较两个学生的数据,并根据特定的条件返回比较结果。

(3) 在主函数中读入学生刷视频的时间,并通过for循环依次将每个学生的总秒数转换为小时、分钟和秒。

(4) 调用compare函数,根据学生的总观看时间对他们进行排序。

(5) 输出排序后的结果。

参考代码

略。

9.14 算法性能比较

题目描述

给定一个序列的"正序""逆序"和"随机"三种形式,并分别使用冒泡排序和快速排序两种选择排序算法对其进行排序,然后再比较这一序列的三种形式使用这两种选择排序算法所花费的时间,从而找到不同情况下所花费的时间较少的排序算法。

输入样例

无须输入,程序中已定义了正序、逆序和随机序列。

输出样例

正序序列:

冒泡排序所花费的时间:X秒

逆序序列:

冒泡排序所花费的时间:Y秒

随机序列:

冒泡排序所花费的时间:Z秒

正序序列:

快速排序所花费的时间:A秒

逆序序列:

快速排序所花费的时间:B秒

随机序列:

快速排序所花费的时间:C秒

解题思路

(1) 定义数组并初始化三种形式的序列:正序、逆序和随机。
(2) 使用冒泡排序和快速排序算法对这些序列进行排序,并记录排序所花费的时间。
(3) 输出每种形式下两种排序算法的时间消耗,比较它们的效率。

参考代码

```
#include <iostream>
#include <stdlib.h>
using namespace std;
#include <time.h>
// 冒泡排序算法
void bubbleSort(int arr[], int n) {
    int i, j, temp;
    for (i = 0; i < n - 1; i++) {
    for (j = 0; j < n - i - 1; j++)
    {
        if (arr[j] > arr[j + 1])
        {
            temp = arr[j];
            arr[j] = arr[j + 1];
            arr[j + 1] = temp;
        }
    }
    }
}
// 快速排序算法
void quickSort(int arr[], int low, int high) {
    if (low < high) {
        int pivot = arr[high];
        int i = (low - 1);
        for (int j = low; j <= high - 1; j++)
        {
            if (arr[j] < pivot)
            {
                i++;
```

```
                int temp = arr[i];
                arr[i] = arr[j];
                arr[j] = temp;
            }
        }
        int temp = arr[i + 1];
        arr[i + 1] = arr[high];
        arr[high] = temp;
        int pi = i + 1;
        quickSort(arr, low, pi - 1);
        quickSort(arr, pi + 1, high);
    }
}
int main() {
    int i;
    int arr[10000];
    //生成正序序列
    for (i = 0; i < 10000; i++)
    {
        arr[i] = i;
    }
    cout<<"正序序列:"<<endl;
    //执行冒泡排序并计时
    clock_t start = clock();
    bubbleSort(arr, 10000);
    clock_t end = clock();
    cout<<"冒泡排序所花费的时间:"<<endl<<(double)(end - start)/
CLOCKS_PER_SEC<<endl;
    //生成逆序序列
    for (i = 0; i < 10000; i++)
        arr[i] = 10000 - i;
    cout<<"逆序序列:"<<endl;
  //执行冒泡排序并计时
    start = clock();
    bubbleSort(arr, 10000);
    end = clock();
```

```
        cout<<"冒泡排序所花费的时间:"<<endl<<(double)(end - start)/
CLOCKS_PER_SEC<<endl;
        // 生成随机序列
        srand(time(NULL));
        for (i = 0; i < 10000; i++)
            arr[i] = rand() % 10000;
        cout<<"随机序列:"<<endl;

        // 执行冒泡排序并计时
        start = clock();
        bubbleSort(arr, 10000);
        end = clock();
        cout<<"冒泡排序所花费的时间:"<<endl<<(double)(end - start)/
CLOCKS_PER_SEC<<endl;
        cout<<
" ------------------------------------------------------------
--\n";

        // 生成正序序列
        for (i = 0; i < 10000; i++)
            arr[i] = i;
        cout<<"正序序列:"<<endl;

        // 执行快速排序并计时
        start = clock();
        quickSort(arr, 0, 10000 - 1);
        end = clock();
        cout<<"快速排序所花费的时间:"<<endl<<(double)(end - start)/
CLOCKS_PER_SEC<<endl;
        // 生成逆序序列
        for (i = 0; i < 10000; i++)
            arr[i] = 10000 - i;
        cout<<"逆序序列:"<<endl;

        // 执行快速排序并计时
        start = clock();
```

```
    quickSort(arr, 0, 10000 - 1);
    end = clock();
    cout<<"快速排序所花费的时间:"<<endl<<(double)(end - start)/
        CLOCKS_PER_SEC<<endl;
    //生成随机序列
    srand(time(NULL));
    for (i = 0; i < 10000; i++)
        arr[i] = rand() % 10000;

    cout<<"随机序列:"<<endl;

    //执行快速排序并计时
    start = clock();
    quickSort(arr, 0, 10000 - 1);
    end = clock();
    cout<<"快速排序所花费的时间:"<<endl<<(double)(end - start)/
        CLOCKS_PER_SEC<<endl;
    return 0;
}
```

9.15 奇偶排序

题目描述

编写一个程序,实现奇偶排序算法。奇偶排序是这样定义的:给定一个包含正整数的数组,要求将奇数放在数组的前半部分,偶数放在数组的后半部分,并保持原有的相对顺序不变。

要求:

(1) 输入的序列大小不超过100。

(2) 输出奇偶排序后的序列。

输入格式

第一行输入待排序序列的个数n,n为一个正整数;

第二行输入n个正整数序列,每个数之间用逗号分隔。

输出格式

输出排序后的序列,每个数之间用逗号分隔。

输入样例

请输入正整数序列的个数:6

请输入一个正整数序列(逗号分隔):4, 3, 6, 1, 5, 2

输出样例

奇偶排序后的序列:3, 1, 5, 4, 6, 2

解题思路

(1) 定义了一个名为Element的结构体,它只有一个整数成员value。这个结构体用来表示序列中的每一个元素。

(2) 定义了一个名为SeqList的结构体,它包含一个Element类型的数组elements(最大长度为100)和一个整数size。这个结构体用来表示整个序列。

(3) 定义oddEvenSort函数实现了奇偶排序算法。算法的核心思想是将所有奇数放在所有偶数的后面。

参考代码

```
#include <iostream>
using namespace std;
typedef struct {
    int value;
} Element;
typedef struct {
    Element elements[100];
    int size;
} SeqList;
void oddEvenSort(SeqList &L) {
    for (int i = 0; i < L.size; i++)
        for (int j = 0; j < L.size - 1; j++)
            if (L.elements[j].value % 2 == 0 && L.elements[j + 1].value % 2 == 1) {
                Element temp = L.elements[j];
                L.elements[j] = L.elements[j + 1];
                L.elements[j + 1] = temp;
            }
}
int main() {
    SeqList L;
```

```
    cout << "请输入正整数序列的个数:";
    cin >> L.size;
    cout << "请输入一个正整数序列(逗号分隔):";
    for (int i = 0; i < L.size; i++) {
        cin >> L.elements[i].value;
        if (i < L.size - 1) {
            char comma;
            cin >> comma;
        }
    }
    oddEvenSort(L);
    cout << "奇偶排序后的序列:";
    for (int i = 0; i < L.size; i++)
        cout << L.elements[i].value;
        if (i < L.size - 1) {
            cout << ",";
    }
    cout << endl;

    return 0;
}
```

9.16 鸡尾酒排序

题目描述

在一个繁忙的城市中心,有一家知名的鸡尾酒吧,以其精湛的调酒技艺和独特的鸡尾酒排序算法而闻名。这家酒吧的调酒师们都是经过严格培训的,他们能够根据客人的口味和喜好,调制出各种令人陶醉的鸡尾酒。

然而,随着酒吧的生意越来越红火,客人们开始排队等候品尝美酒。由于客人们点酒的顺序不同,调酒师们需要采用鸡尾酒排序算法,以确保每位客人都能及时得到他们心仪的鸡尾酒。

鸡尾酒排序算法是基于冒泡排序算法做了一些优化。冒泡算法每一轮都是从左到右进行元素比较,进行单向的位置交换,鸡尾酒排序算法则是在每一轮排序过程中,先从左到右进行比较和交换(与冒泡排序相同),然后再从右到左进行比较和交换。通过这种方式,鸡尾酒排序算法能够在一轮排序中将最大的元素移到最右边,同时还将最小的元素移到最左边。

输入格式

第一行输入一个整数n,表示待排序的整数序列个数;

第二行输入一组整数序列,每个整数之间用空格分隔。

输出格式

输出排序后的整数序列。

输入样例

请输入待排序序列的长度:8

请输入每位数字:2 3 4 5 6 7 8 1

输出样例

排序后的序列为:1 2 3 4 5 6 7 8

解题思路

(1) 先对数组从左到右进行冒泡排序(升序),则最大的元素去到最右端。

(2) 再对数组从右到左进行冒泡排序(降序),则最小的元素去到最左端。

(3) 以此类推,依次改变冒泡的方向,并不断缩小未排序元素的范围,直到最后一个元素结束。

鸡尾酒排序算法第一轮与冒泡排序一致,从左到右进行比较、交换,如图9.2所示,第一轮排序后将最大的8移动到最优端:

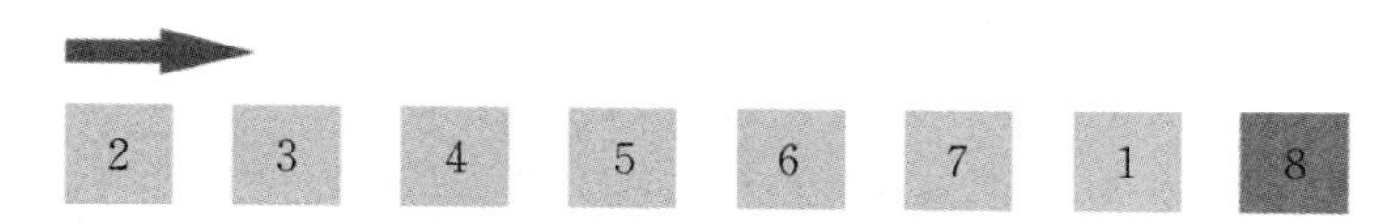

图9.2　鸡尾酒排序第一轮排序后结果

第二轮如图9.3、图9.4所示,则从右向左进行比较、交换:

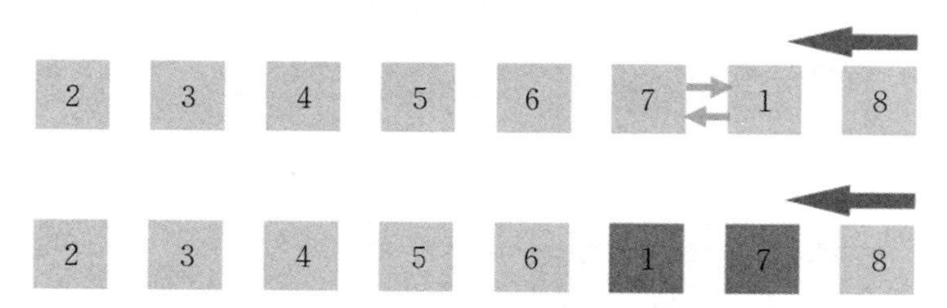

图9.3　鸡尾酒排序第二轮排序第一步

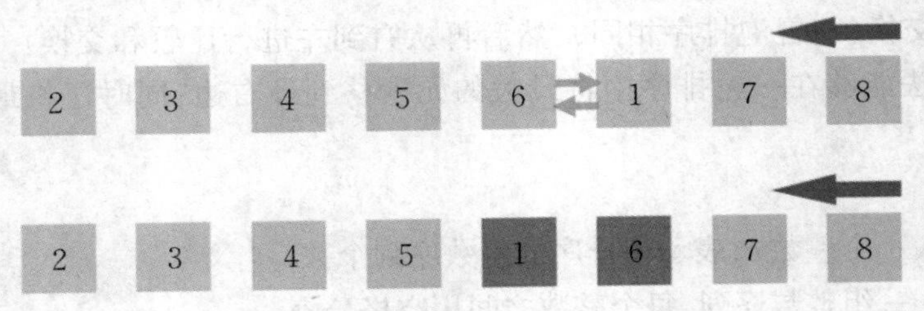

图9.4　鸡尾酒排序第二轮排序第二步

以此类推，第二轮排序后的结果如图9.5所示：

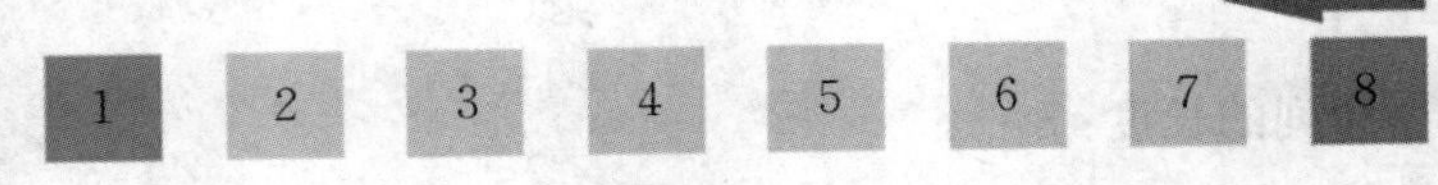

图9.5　鸡尾酒排序第二轮排序后结果

第三轮，没有发生任何元素交换，说明序列已是有序的，排序结束。

参考代码

```
#include <iostream>
using namespace std;
typedef struct {
    int data[100];
    int size;
} SeqList;
void swap(int* a, int* b) {
    int t = *a;
    *a = *b;
    *b = t;
}
void cocktailSort(SeqList &L) {        //鸡尾酒排序算法
    int left = 0, right = L. size - 1;
    bool swapped = true;
    while (swapped) {
        swapped = false;
        for (int i = left; i < right; i++) {
            if (L. data[i] > L. data[i + 1]) {
                swap(&L. data[i], &L. data[i + 1]);
                swapped = true;
            }
```

```
        }
        if (! swapped) {
          break;
        }
        swapped = false;
        right--;
        for (int i = right - 1; i >= left; i--) {
          if (L.data[i] > L.data[i + 1]) {
            swap(&L.data[i], &L.data[i + 1]);
            swapped = true;
          }
        }
        left++;
      }
    }
    int main() {
      SeqList L;
      cout << "请输入待排序序列的长度:";
      cin >> L.size;
      cout << "请输入每位数字:";
      for (int i = 0; i < L.size; i++) {
        cin >> L.data[i];
      }
      cocktailSort(L);
      cout << "排序后的序列为:";
      for (int i = 0; i < L.size; i++) {
        cout << L.data[i] << " ";
      }
      cout << endl;
      return 0;
    }
```

9.17 学生信息排序

题目描述

请编写学生信息排序程序,根据不同的关键字实现对学生信息进行排序(比如学号、成绩等),要求数据以文本文件形式输入,数据量不少于300。

输入格式

创建一个文本文件,里面的数据包含姓名、学号和成绩子段,每个字段之间用空格分隔。

输出格式

输出根据不同的关键字排序后的学生信息。

解题思路

(1) 定义Student结构体,包含name、student_id、grade字段。

(2) 定义SeqList结构体,用来表示学生的顺序列表,包含data、length字段。

(3) 定义swap函数:用来交换两个Student类型的元素。

(4) 定义bubbleSort函数:使用冒泡排序算法对SeqList中的学生信息进行排序。排序的依据是通过一个比较函数指针compare传入的,这个函数可以比较两个Student类型的元素。

(5) 定义compareByStudentID函数:比较两个学生的编号,用于按学生编号排序。

(6) 定义compareByName函数:比较两个学生的姓名,用于按姓名排序。

(7) 定义compareByGrade函数:比较两个学生的成绩,用于按成绩排序。

(8) 定义readStudentsFromFile函数:从指定的文件名读取学生信息,并将其存储到SeqList列表中。文件中的每一行应该包含一个学生的姓名、编号和成绩,每个字段之间用空格分隔。如果文件打开失败,程序将打印错误信息并退出。

参考代码

```
#include <stdio.h>
#include <stdlib.h>
#include <string.h>
#include <iostream>
using namespace std;
#define MAX_NAME_LENGTH 50
```

```
#define MAX_STUDENTS 1000
typedef struct {
  char name[MAX_NAME_LENGTH];
  int student_id;
  float grade;
} Student;
typedef struct {
  Student data[MAX_STUDENTS];
  int length;
} SeqList;
void swap(Student *a, Student *b) {
  Student temp = *a;
  *a = *b;
  *b = temp;
}
void bubbleSort(SeqList *L, int (*compare)(const Student *, const Student *)) {
  for (int i = 0; i < L->length - 1; i++) {
    for (int j = 0; j < L->length - i - 1; j++) {
      if (compare(&L->data[j], &L->data[j + 1]) > 0) {
        swap(&L->data[j], &L->data[j + 1]);
      }
    }
  }
}
int compareByStudentID(const Student *a, const Student *b) {
  return a->student_id - b->student_id;
}
int compareByName(const Student *a, const Student *b) {
  return strcmp(a->name, b->name);
}
int compareByGrade(const Student *a, const Student *b) {
  if (a->grade < b->grade) return -1;
  if (a->grade > b->grade) return 1;
  return 0;
```

```
}
void readStudentsFromFile(const char* filename, SeqList *L) {
    FILE* file = fopen(filename, "r");
    if (! file) {
        perror("Error opening file");
        exit(EXIT_FAILURE);
    }
    L->length = 0;
    while (fscanf(file, "%49s %d %f\n", L->data[L->length]. name, &L->data
[L->length]. student_id, &L->data[L->length]. grade) == 3) {
        (L->length)++;
    }
    fclose(file);
}
int main() {
    SeqList students;
    readStudentsFromFile("D:\\students. txt", &students);
    int choice;
    cout<<"请选择需要排序的关键字:"<<endl;
    cout<<"1. 根据学生学号排序"<<endl;
    cout<<"2. 根据学生姓名排序"<<endl;
    cout<<"3. 根据学生成绩排序"<<endl;
    cin>>choice;
    switch (choice) {
        case 1:
            bubbleSort(&students, compareByStudentID);
            break;
        case 2:
            bubbleSort(&students, compareByName);
            break;
        case 3:
            bubbleSort(&students, compareByGrade);
            break;
        default:
```

```
            cout<<"无效的选择."<<endl;
            return 1;
        }
        for (int i = 0; i < students.length; ++i) {
          cout << "姓名:" << students.data[i].name << ",学号:" << students.data
[i].student_id << ",成绩:" << students.data[i].grade << endl;
        }
        return 0;
    }
```

第10章 综合应用

思维导图

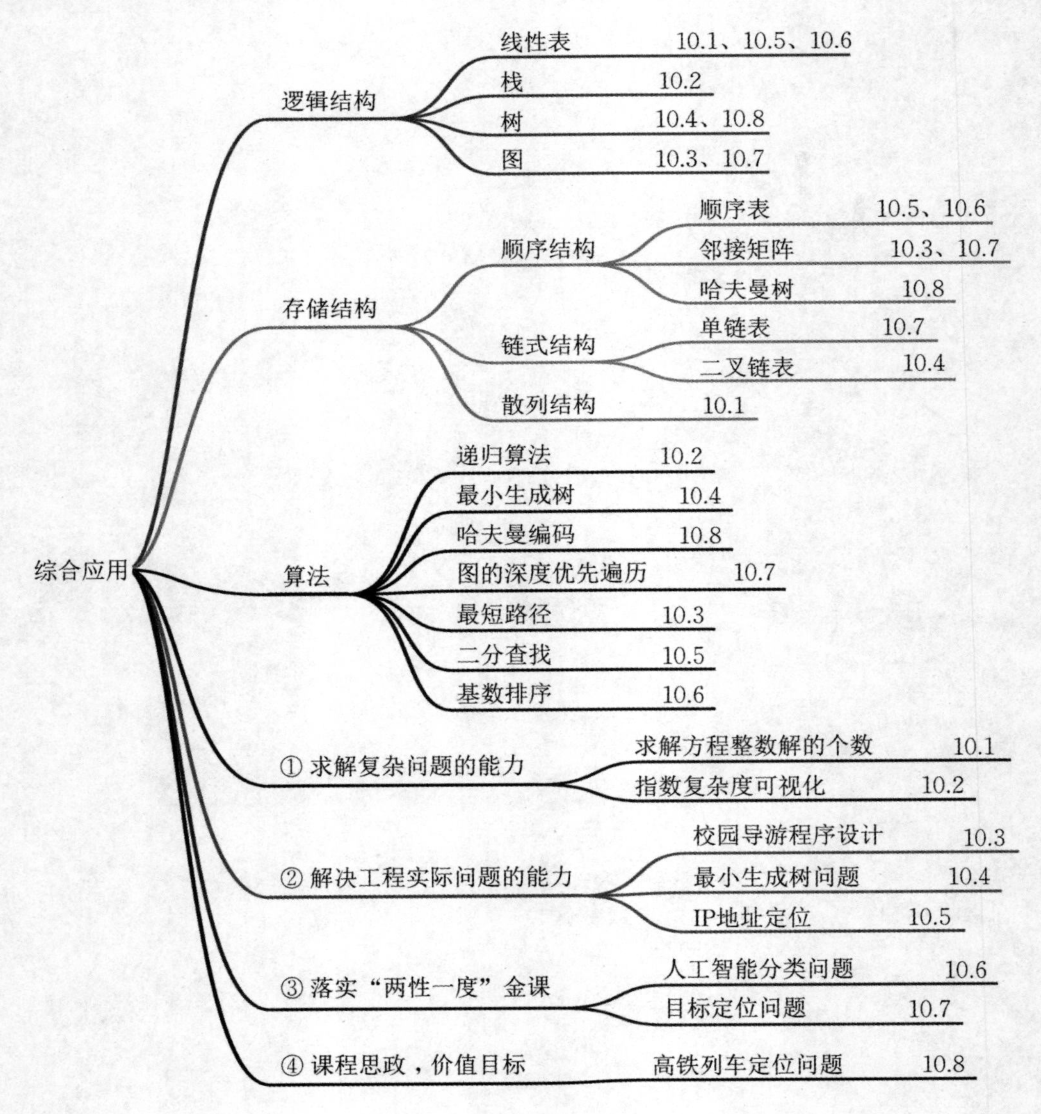
综合应用
逻辑结构
线性表 10.1、10.5、10.6
栈 10.2
树 10.4、10.8
图 10.3、10.7
存储结构
顺序结构
顺序表 10.5、10.6
邻接矩阵 10.3、10.7
哈夫曼树 10.8
链式结构
单链表 10.7
二叉链表 10.4
散列结构 10.1
算法
递归算法 10.2
最小生成树 10.4
哈夫曼编码 10.8
图的深度优先遍历 10.7
最短路径 10.3
二分查找 10.5
基数排序 10.6
① 求解复杂问题的能力
求解方程整数解的个数 10.1
指数复杂度可视化 10.2
② 解决工程实际问题的能力
校园导游程序设计 10.3
最小生成树问题 10.4
IP地址定位 10.5
③ 落实“两性一度”金课
人工智能分类问题 10.6
目标定位问题 10.7
④ 课程思政，价值目标
高铁列车定位问题 10.8

教学目的和教学要求

1. 综合利用数据结构知识,尝试解决有一定复杂度的问题。

2. 能够利用数据结构相关知识,应用到工程实际问题当中,培养解决工程问题的能力。

3. 能够利用数据结构相关知识,结合科学研究内容,做到科研促进教学能力的提升,落实“两性一度”金课要求。

4. 能够有效的融入课程思政,做到既教书,更育人。

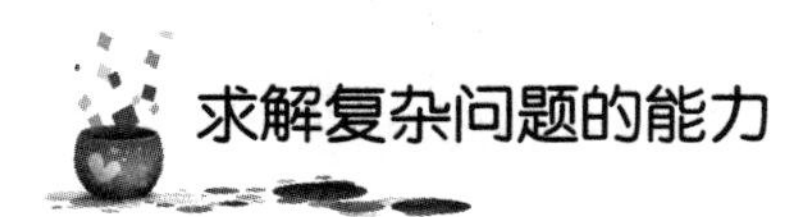

求解复杂问题的能力

10.1　求解方程整数解的个数

题目描述

已知一个n元高次方程:

$$k_1x_1^{p_1}+k_2x_2^{p_2}+\cdots+k_nx_n^{p_n}=0$$

其中,$x_1, x_2, \cdots, x_n$是未知数,$k_1, k_2, \cdots, k_n$是系数,$p_1, p_2, \cdots, p_n$是指数,且方程中的所有数均为整数。假设未知数$1\leqslant x_i\leqslant M, i=1, 2, \cdots, n$,求这个方程的整数解的个数(方程整数解的个数小于$2^{31}$)。

约束条件:

$$1\leqslant n\leqslant 6;\ 1\leqslant M\leqslant 150$$
$$|k_1M^{p_1}|+\cdots+|k_nM^{p_n}|\leqslant 2^{31}$$

输入格式

按照给出的提示进行输入,值之间用“空格”隔开。

输出格式

直接输出结果。

输入样例1

给定$n=3, M=150, k_1=1, k_2=-1, k_3=1, p_i=2(i=1, 2, 3)$。

输出样例1

输出样例如图10.1所示。

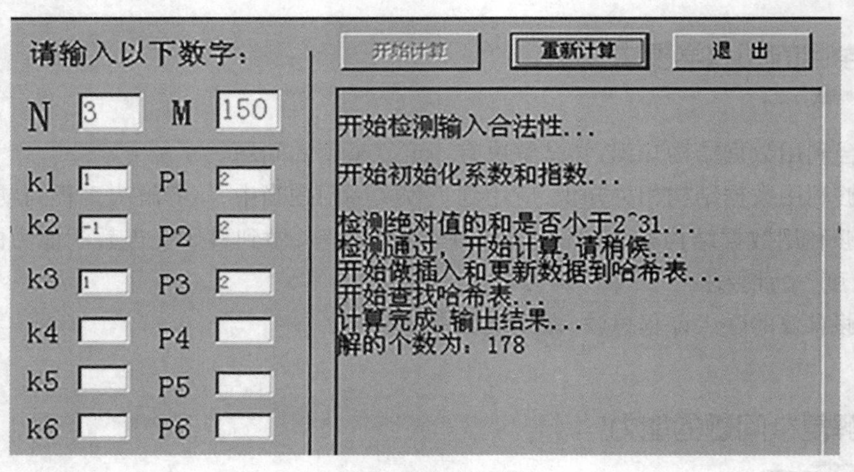

图10.1 样例结果图1

输入样例2

给定$n=4, M=150, k_2=k_4=-1, k_1=k_3=1, p_i=2(i=1,2,3), p_4=3$。

输出样例2

输出样例如图10.2所示。

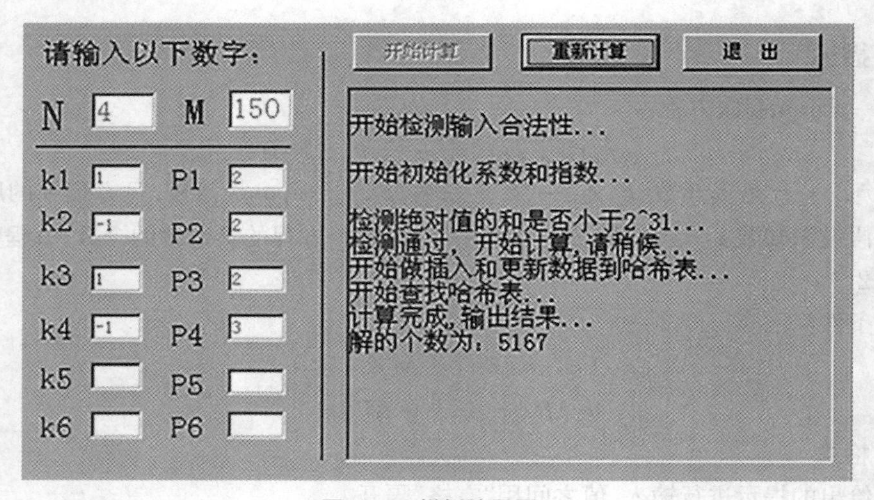

图10.2 样例结果图2

解题思路

问题给定条件可知每个未知数X_i的取值范围最大为M。如果采用简单的枚举方法来实现,那么它的时间复杂度是$O(M^6)$,当M很大时无法承受。为了减小时间复杂度,必须采用缩小枚举范围的方法。

基本思想是:将方程式左边分成代数式A,B两个部分,问题转化为计算$A+B=0$。A式含前面几个未知数,B式含后面几个未知数;然后分别枚举A,B式的取值。先计算出A式所有可能结果存入数组S中,然后再枚举计算出B式所有的取值并通过查找操作计算$A+B=$

0是否成立。如果成立则表示求出方程的一组解。

另外,为加快查找速度,建议采用哈希函数方法实现。考虑到S在最坏情况下有$150^3=3375000$个不同的取值,故定义长度为3375000的线性表来构造哈希表,并令哈希数取3375000,哈希函数可以构造为$H(\text{key})=\text{key}\%3375000$。并且考虑到相同的$S$值可能出现多次,为了统计次数将线性表的存储结构定义为两个域:一个存放S值,另一个统计这个值出现的次数。

参考代码

```
#include "stdafx.h"
#include <iostream>
#include <cstdio>
#include <cstring>
using namespace std;
const int MAX = 4000000;
struct Hash
{
      int val;
      int count;
}HashTable[MAX];
int n,m,ans;
int k[6],p[6];
bool used[MAX];
 int getpow(int x, int p)
 {
   int tmp = 1;
   while(p)
      {
      if(p & 1) tmp *= x;
      x *= x;
      p >>= 1;
   }
   return tmp;
 }
 int searchHash(int s)
 {
```

```
    int tmp = s;
    tmp = (tmp % MAX + MAX) % MAX;
        while(used[tmp] && HashTable[tmp].val != s)
        {
            tmp++;
            tmp = (tmp % MAX + MAX) % MAX;
        }
        return tmp;
}
void insert(int s)
{
        int pos = searchHash(s);
        HashTable[pos].val = s;
        HashTable[pos].count++;
        used[pos] = true;
}
void leftHalf(int d,int s)
{
        if(d == n / 2)
        {
            insert(s);
            return;
        }
        for(int i = 1; i <= m; i++)
            leftHalf(d+1,s + k[d] * getpow(i,p[d]));
}
void rightHalf(int d,int s)
{
        if(d == n)
        {
            s = -s;
            int pos = searchHash(s);
            if(HashTable[pos].val == s)
                ans += HashTable[pos].count;
```

```
        return;
    }
    for(int i = 1; i <= m; i++)
        rightHalf(d+1,s + k[d] * getpow(i,p[d]));
}
int main()
{
    printf("请输入N和M的值为 \n");
    scanf("%d%d",&n,&m);
    for(int i = 0; i < n; i++)
    {
        printf("请输入k%d和p%d\n",i+1,i+1);
        scanf("%d%d",&k[i],&p[i]);
    }
    leftHalf(0,0);
    rightHalf(n/2,0);
    printf("解的个数是:");
    printf("%d\n",ans);
    return 0;
}
```

10.2　指数阶复杂度可视化

题目描述

汉诺塔源于印度的一个古老传说:开天辟地的神勃拉玛在一个庙里留下了三根金刚石的柱,分别记为A柱,B柱,C柱,其中A柱上面套着64个盘子,最大的一个在底下,其余一个比一个小,依次叠上去,如图10.3所示。规定:用其中一根柱子协助,但每次只能搬一个放于此柱,并且大的不能放在小的上面。

问:如何从A搬到C?最少搬多少次?64个盘子搬动的时间是多少?

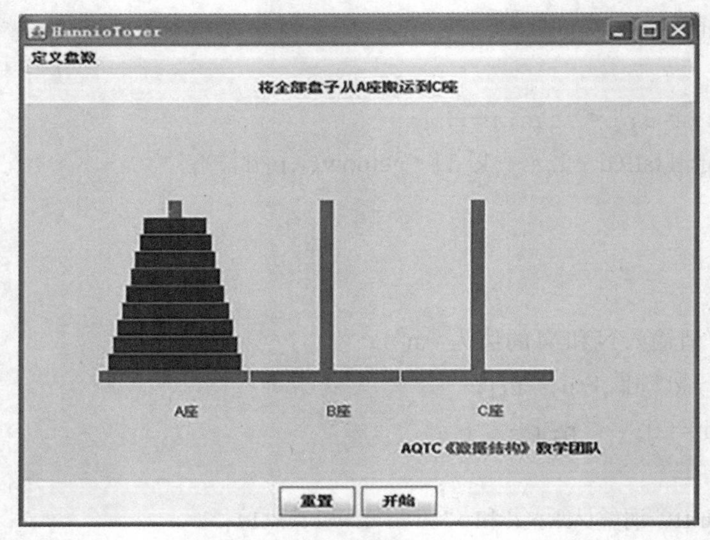

图10.3　汉诺塔程序界面

解题思路

设$H(n)$表示移动n个盘子需要的最少次数,所以$H(n)=2H(n-1)+1$

$$H(n)=2(2H(n-2)+1)+1=2^3H(n-3)+2^2+2+1=2^{n-1}+\cdots+2^2+2+1=2^n-1$$

假设庙里的众僧不停地搬,64个盘子需要$2^{64}-1=18446744073709551616$次才能搬完。如果一升小麦按150000粒计算,这大约是140万亿升小麦,按目前的平均产量计算,这竟然是全世界生产两千年的全部小麦!可见指数阶复杂度不可取。

提示:如何采用可视化策略,展现在n值较大时,指数阶复杂度程序是不可等待的。程序在$n=7$时,需要127步,耗时2分24秒,如图10.4所示;但如果n继续增大,如$n=10$时,需要1023步,耗时17分5秒;如$n=11$时,需要2047步,时间进一步增加,如图10.5所示;不难

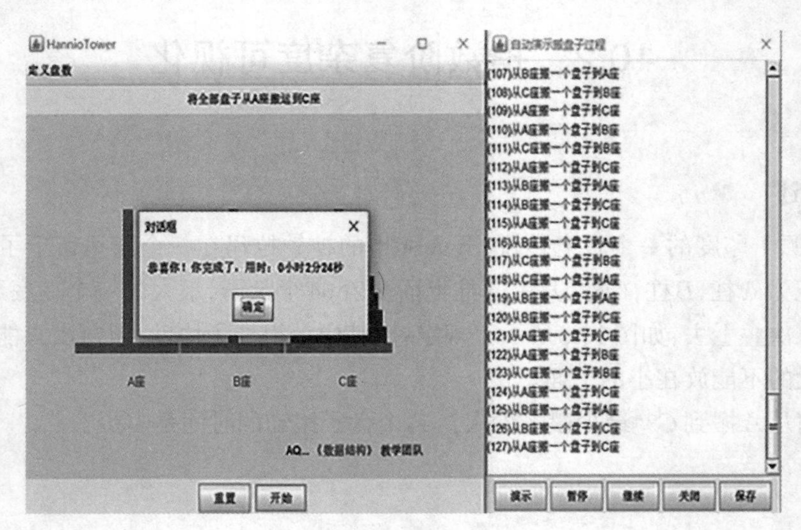

图10.4　七个盘子结果图

看出，盘数仅仅增加1个，步数翻番。如果继续增加，用户已经不可等待！

图10.5　十个盘子结果图

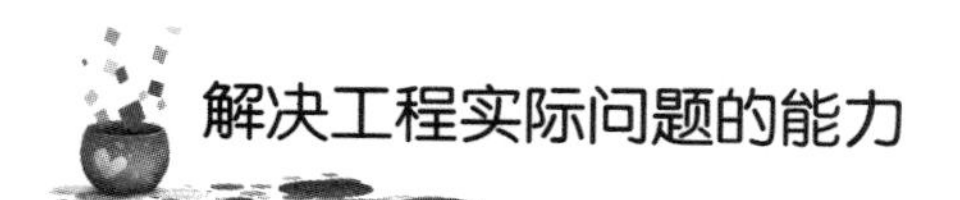

10.3　校园导游程序设计

题目描述

无向网表示学校的校园景点平面图，假设校园景点分别是：双龙湖、行政楼、图书馆、食堂、体育馆、学生宿舍共六个，如图10.6所示。图中顶点表示主要景点，包含存放景点的编号、名称、简介等信息；图中的边表示景点间的道路，存放路径长度等信息，如图10.7所示。要求实现以下功能：

(1) 查询各景点的相关信息。

(2) 查询图中任意两个景点间的最短路径。

表10.1　校园景点路径图

编号	景　点	景点简介
1	双龙湖	龙舟基地
2	行政楼	学校里程碑
3	图书馆	藏书丰富
4	体育馆	健身馆等设施齐全
5	食堂	美味佳肴
6	学生宿舍	排列整齐

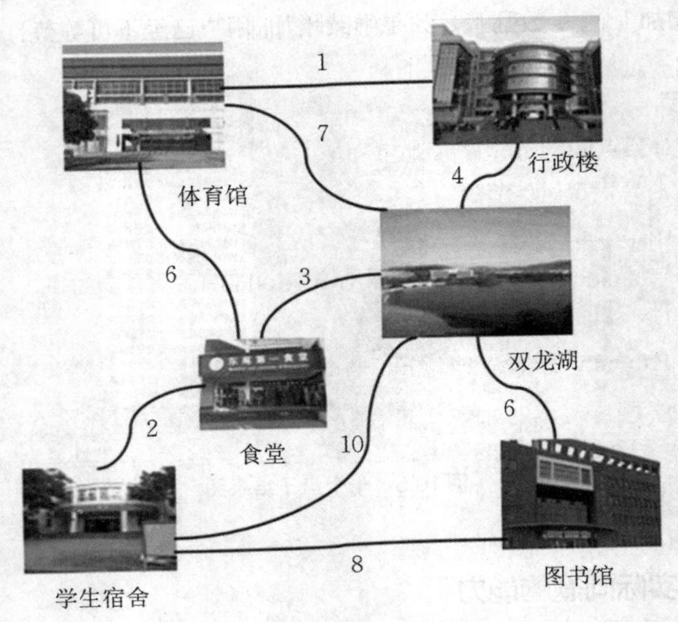

图10.6　校园景点分布图

请输入图的顶点和边数：
6 9
请输入顶点编号,名称,简介：
1 双友湖　　龙舟基地
2 行政楼　　学校发展里程碑
3 图书馆　　藏书丰富
4 体育馆　　健身馆等设施齐全
5 食堂　　　美味佳肴
6 学生宿舍　排列整齐
请输入第1条边所依附的顶点及其权值：
1 2 4
请输入第2条边所依附的顶点及其权值：
1 3 6
请输入第3条边所依附的顶点及其权值：
1 4 7
请输入第4条边所依附的顶点及其权值：
1 5 3
请输入第5条边所依附的顶点及其权值：
1 6 10
请输入第6条边所依附的顶点及其权值：
2 4 1
请输入第7条边所依附的顶点及其权值：
4 5 6
请输入第8条边所依附的顶点及其权值：
3 6 8
请输入第9条边所依附的顶点及其权值：
5 6 2

图10.7　样例结果图

解题思路

主要利用最短路径算法实现。

根据图10.6，输入数据及其格式如图10.7所示，查询各景点得到的相关信息及其每对顶点之间最短路径如图10.8所示。

```
各景点的相关信息如下：
编号:1      名称:双龙湖      简介:龙舟基地
编号:2      名称:行政楼      简介:学校发展里程碑
编号:3      名称:图书馆      简介:藏书丰富
编号:4      名称:体育馆      简介:健身馆等设施齐全
编号:5      名称:食堂        简介:美味佳肴
编号:6      名称:学生宿舍    简介:排列整齐

每对顶点间的最短路径如下:
2—>3        长度为:4
2—>4        长度为:6
2—>3—>5     长度为:5
2—>6        长度为:3
3—>5        长度为:1
3—>5—>6     长度为:7
5—>6        长度为:6
```

图10.8 景点最短路径图

参考代码

```
#include <iostream>
#include <cstdio>
using namespace std;
const int MAXVERTEXNUM = 100;
const int MAX_WEIGHT = 32767;
struct MGraph
{
    int vers[MAXVERTEXNUM];
    char name[MAXVERTEXNUM][MAXVERTEXNUM];
    char data[MAXVERTEXNUM][MAXVERTEXNUM];
    int  n, e;
};
void CreateMGraph(MGraph *G, int adjmatrix[][MAXVERTEXNUM])
{
```

```
  cout<<"请输入图的顶点和边数:\n";
  scanf("%d %d",&G->n,&G->e);
  cout << "请输入顶点编号,名称,简介:" << endl;
  for(int t = 0; t < G->n; t++)
    scanf("%d %s %s",&G->vers[t],G->name[t],G->data[t]);
  for(int i = 0; i < G->n; i++)
    for(int j = 0; j < G->n; j++)
      adjmatrix[i][j] = MAX_WEIGHT;
  for(int k = 0; k < G->e; k++)
  {
    int x, y, dut;
    printf("请输入第 %d 条边所依附的顶点及其权值:\n",k+1);
    scanf("%d %d %d",&x,&y,&dut);
    adjmatrix[x][y] = dut;
  }
}
void shortestpath(MGraph *G, int adjmatrix[][MAXVERTEXNUM])
{
  int n = G->n;
  int dist[MAXVERTEXNUM][MAXVERTEXNUM];
  int path[MAXVERTEXNUM][MAXVERTEXNUM];
  int i, j;
  for(i = 0; i < n; i++)
    for(j = 0; j < n; j++)
    {
      dist[i][j] = adjmatrix[i][j];
      if(i ! = j && dist[i][j] < MAX_WEIGHT)
        path[i][j] = i;
      else
        path[i][j] = -1;
    }
  for(int k = 0; k < n; k++)
    for(i = 0; i < n; i++)
      for(j = 0; j < n; j++)
        if(dist[i][j] >(dist[i][k] + dist[k][j]))
        {
```

```
                dist[i][j] = dist[i][k] + dist[k][j];
                path[i][j] = path[k][j];
            }
    printf("每对顶点间的最短路径如下:\n");
    for(i = 0; i < n; i++)
        for(j = 0; j < n; j++)
            if(i != j && dist[i][j] < MAX_WEIGHT)
            {
                int pathnum[MAXVERTEXNUM];
                int k = 0;
                int v = path[i][j];
                while(v != i && v != j)
                {
                    pathnum[k++] = v;
                    v = path[i][v];
                }
                printf("%d ",G->vers[i]);
                while(k > 0)
                    printf("->%d ",G->vers[pathnum[--k]]);
                printf("->%d 长度为:%d\n",G->vers[j],dist[i][j]);
            }
}
void search(MGraph *G)
{
    printf("\n各景点的相关信息如下:\n");
    for(int i=0;i<G->n;i++)
        printf("编号:%-5d 名称:%-15s 简介:%-15s\n",G->vers[i],G->name
[i],G->data[i]);
    printf("\n");
}
int main()
{
    int adjmatrix[MAXVERTEXNUM][MAXVERTEXNUM];
    MGraph G;
    CreateMGraph(&G, adjmatrix);
    search(&G);
```

```
    shortestpath(&G, adjmatrix);
    return 0;
}
```

10.4 最小生成树问题

题目描述

2015年8月,国家旅游局(现为文化和旅游部)批复同意创建环巢湖国家旅游休闲区,环巢湖旅游景点主要以三河古镇为代表的环巢湖十二镇各具特色的景点。我们选取了7个最有代表性景点,如三河古镇、渡江战役纪念馆、安徽名人馆等,分别记为$R1,R2,\cdots,R7$。为了实现环巢湖国家旅游休闲区5G网络全覆盖,考虑经费问题,需要在选取7个代表性景点之间架设通信网络,为连接这七个景点,每两个景点之间的距离如表10.2所示。考虑地理环境的影响,综合考虑各景点之间的距离和每千米修建通信网络的费用,各个景点之间修建网络每千米的费用可用10000元之间的比较来估计(表10.3)。

表10.2 各景点之间的距离(单位:千米)

	$R2$	$R3$	$R4$	$R5$	$R6$	$R7$
$R1$	4	10	5	8	6	10
$R2$		11	8	4	9	10
$R3$			10	3	6	7
$R4$				2	5	9
$R5$					5	5
$R6$						5

表10.3 各景点之间架设网络每千米费用模糊词(10000元之间的比较)

	$R2$	$R3$	$R4$	$R5$	$R6$	$R7$
$R1$	大致接近	可认为是	完全是	非常接近	可接近	可认为是
$R2$		相当接近	比较接近	十分接近	差不多是	完全是
$R3$			差不多是	可认为是	非常接近	比较接近
$R4$				完全是	十分接近	很接近
$R5$					大致接近	非常接近
$R6$						比较接近

(1) 利用GPS定位系统、VISIO绘图软件完成所有景点的连通图,真实标注旅游景点的距离。

(2) 试问如何架设通信网络,使总费用最小?

(3) 如果可以建一座跨湖大桥,那么建在什么位置最合适?给出设计方案。

解题思路

在7个景点之间架设通信网络系统，要使任何两个景点之间都能相互通信，最少需要6(7−1=6)条线路。总共有7×6/2=21条通信线路可供选择，但要求所架设的通信线路总费用最少，也就是在21条线路中选择6条线路，所选择的6条线路必须使7个景点之间可以相互通信，并且所消耗的费用是最小的。

将每个景点看作一个结点，则总共有7个结点；将每两个景点之间的通信线路看作相应结点之间的边，而两个景点之间的通信网络的费用就是相应边上的权值。则整个通信网络系统可以等价地看成是一个无向完全图(或者是一个连通的网)。现在要求架设通信网络的最低耗费问题也就相应的转化成求相对应的无向完全图的最小生成树的问题。

常用的求最小生成树的算法有Prim算法、Kruskal算法。Prim算法的时间复杂度为$O(n^2)$(n为网中顶点数)，该算法适合于求边稠密的网的最小生成树；Kruskal算法的时间复杂度为$O(e\log e)$(e为网中边的数目)，该算法相对于Prim算法适合于求边稀疏的网的最小生成树，所以选用Kruskal算法。

关于通信费用模糊词问题，表10.3共给出9个模糊词："完全是、可认为是、差不多是、非常接近、十分接近、很接近、比较接近、大致接近、相当接近"，我们并不能确定这些模糊词的精确值，而且程序中并没有约定它们具体的值，可以尝试采取如下方案：

第一步：给这九个模糊词指定一个大致的相同取值范围，如(0.8~1)；

第二步：用户可以根据自己对模糊词强弱的理解或者根据实际需要，再给每个模糊词输入一个具体的范围(注意：输入的范围必须包含于上面第一步的范围)；

第三步：在每个模糊词相应的范围里面选择一个具体的值；

第四步：根据上面所输入的参数计算各边的权值(每两个城市之间线路的费用)，即长度*模糊词量化值。

结果如图10.9所示。

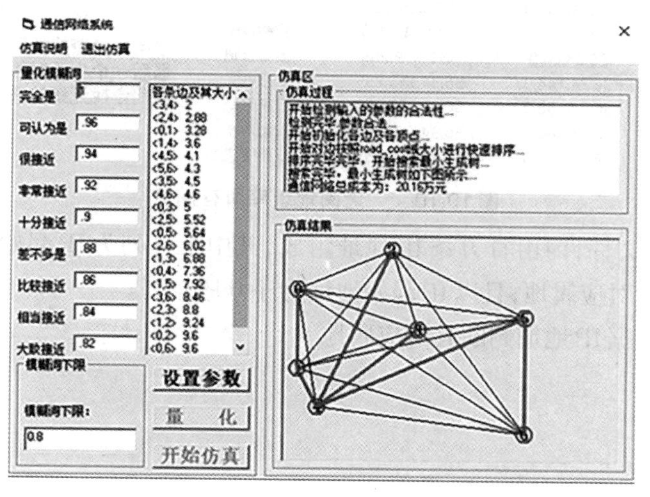

图10.9 结果路线图

10.5 IP地址定位

题目描述

为了净化网络空间,维持网络言论秩序,众多社交软件平台纷纷公开了用户的IP属地,而IP属地的信息是通过庞大的IP地址库得到的,在地址库中存储了IP地址范围及其对应归属地。

#IP起始	#IP结束	属 地
36.7.224.0	36.7.255.255	安徽合肥
36.32.72.0	36.32.79.255	安徽亳州
36.32.152.0	36.32.155.255	安徽安庆
36.32.176.0	36.32.183.255	安徽马鞍山
36.33.104.0	36.33.111.255	安徽黄山
36.33.252.0	36.33.255.255	安徽池州

如图10.10所示,当我们想要查询36.32.153.25的对应属地时,只要通过查阅地址库中所存储的值就可以得到了。

#IP起始	结束	属地
36.7.224.0	36.7.255.255	安徽合肥
36.32.72.0	36.32.79.255	安徽亳州
36.32.152.0	36.32.155.255	安徽安庆
36.32.176.0	36.32.183.255	安徽马鞍山
36.33.104.0	36.33.111.255	安徽黄山
36.33.252.0	36.33.255.255	安徽池州
36.34.40.0	36.34.47.255	安徽铜陵
36.34.64.0	36.34.79.255	安徽合肥
36.34.144.0	36.34.145.255	安徽六安
36.34.156.0	36.34.157.255	安徽淮南
36.34.160.0	36.34.163.255	安徽池州
36.34.168.0	36.34.171.255	安徽安庆

图10.10　查阅地址库所存储值

现提供ips.csv文件,内由百万条IP地址组成,其中第一列为IP起始地址,第二列为IP结束地址,第三列为对应属地,且以IP起始地址为序升序排列。

请编写程序,根据IP地址判断其对应属地。

输入样例1

39.134.127.24

输出样例1

该IP地址对应属地为安徽省安庆市

输入样例2

50.245.24.1

输出样例2

未在IP地址库中查询到此IP。

解题思路

编写结构体用来存储一个IP地址范围和对应的地理位置,同时编写函数负责将点分十进制的字符串格式的IP地址转换为一个无符号长整数。

想要查找IP地址的对应属地,需要查找最后一个起始IP小于等于这个IP的IP区间,那么这个问题就变为了使用二分查找找到最后一个小于等于当前查找元素的值。

参考代码

```
#include <iostream>
#include <fstream>
#include <vector>
#include <sstream>
#include <string>
using namespace std;
// IPRange 结构体用来表示一个IP地址范围和对应的地理位置
struct IPRange {
  unsigned long start;                                // IP范围的起始地址
  unsigned long end;                                  // IP范围的结束地址
  string territory;                                   // 对应的地理位置信息
  // 构造函数
  IPRange(unsigned long s, unsigned long e, string t)
  : start(s), end(e), territory(move(t)) {}
};
// 辅助函数,将点分十进制的IP地址字符串转换为无符号长整数
unsigned long ipToUnsignedInt(const string &ip) {
  istringstream iss(ip);                              // 用于处理字符串输入的字符串流
  unsigned long ipAsInt = 0;                          // 保存转换后的整数形式IP地址
  string segment;                                     // 临时存储IP地址的每一个段
  // 循环处理IP地址的每一部分,即每一个点之间的数字
  for (size_t i = 0; i < 4; ++i) {
    getline(iss, segment, '.');
    ipAsInt = ipAsInt * 256 + stoul(segment);         // 将数字转换为整数并拼接
  }
```

```
    return ipAsInt;                          // 返回转换后的无符号长整数形式的IP地址
}
// 二分查找算法,用于查找目标IP地址所在的IP范围
long binarySearch(const vector<IPRange>& ranges, unsigned long target) {
    long left = 0;                           // 查找范围的左端点
    long right = ranges.size() - 1;          // 查找范围的右端点
    long mid;                                // 指向查找范围中间的索引
    // 当查找范围有效时持续查找
    while (left <= right) {
        mid = left + (right - left) / 2;     // 防止溢出的中点计算方式
        if (ranges[mid].start <= target) {
            // 检查是否为最后一个满足条件的元素
            if (mid == ranges.size() - 1 || ranges[mid + 1].start > target) {
                return mid;                  // 找到目标元素
            }
            left = mid + 1;                  // 移动左端点
        } else {
            right = mid - 1;                 // 移动右端点
        }
    }
    return -1;                               // 如果没有找到,返回-1
}
// 读取来自文件的IP范围数据,并填充到ranges向量中
bool loadRangesFromFile(const string& filename, vector<IPRange>& ranges) {
    ifstream file(filename);
    if (! file.is_open()) {
        cerr << "Could not open the file -'" << filename << "'" << endl;
        return false;
    }
    string line;
    while (getline(file, line)) {
        istringstream iss(line);
        string startIp, endIp, territory;
        if (! getline(iss, startIp, ',')) break;
        if (! getline(iss, endIp, ',')) break;
        if (! getline(iss, territory)) break;
```

```
        //将读取到的IP范围和地理位置添加到向量中
        ranges.emplace_back(ipToUnsignedInt(startIp),ipToUnsignedInt(endIp),territory);
    }
    file.close();
    return true;
}
//主函数
int main() {
    vector<IPRange> ranges;                        //存储IP范围的向量
    //从文件中加载IP范围,如果加载失败,则输出错误信息并终止程序
    if (! loadRangesFromFile("ips.csv", ranges))
    {
        cerr << "Failed to load IP ranges from file." << endl;
        return 1;
    }
    string ipToFind;
    cout << "Enter an IP address to find:";          //提示用户输入IP地址
    cin >> ipToFind; //从标准输入接收IP地址
    unsigned long targetIp = ipToUnsignedInt(ipToFind);//将IP地址转换为整数形式
    long index = binarySearch(ranges, targetIp);      //使用二分查找获得索引
    //根据索引得到对应的IP范围,并确认目标IP是否在范围内
    if (index != -1 && ranges[index].end >= targetIp) {
        cout << "该IP地址对应属地为:安徽省" << ranges[index].territory << endl;
    } else {
        cout << "未在IP地址库中查询到此IP。" << endl;
    }
    return 0;
}
```

落实"两性一度"金课

10.6 人工智能分类问题

题目描述

随着大数据和深度学习技术的快速发展,聊天机器人技术也逐渐成熟;ChatGPT推出,更进一步推动了人工智能研究的火热。而分类算法属于人工智能领域经典的算法,主要用于将数据集中的样本分为不同的类别。

表10.4所示,根据条件属性{A,B,C},通过分类算法,不难发现:由于在3个条件属性下{$N3$,$N6$}取值都是113,所以划分为一类;同理,{$N1$,$N7$}取值都是122,所以它们也属于一类,以此可以完成3个条件属性下数据的分类操作:{$N3$,$N6$},{$N1$,$N7$},{$N2$,$N5$,$N8$},{$N4$}。

结合数据结构中基数排序算法,完成下面数据集分类过程。

表10.4 数据分类表

编号	A	B	C
N1	1	2	2
N2	2	3	1
N3	1	1	3
N4	3	1	1
N5	2	3	1
N6	1	1	3
N7	1	2	2
N8	2	3	1

解题思路

第一次分配:

bucket_list[0]= N2, N4, N5, N8

bucket_list[1]= N1, N7

bucket_list[2]= N3, N6

第一次拉链:

N2, N4, N5, N8, N1, N7 , N3, N6

第二次分配:

bucket_list[0]= N3, N4, N6

bucket_list[1]= N1, N7

bucket_list[2]= N2, N5, N8

第二次拉链:

N3, N4, N6, N1, N7, N2, N5, N8

第三次分配:

bucket_list[0]= N3, N6, N1, N7

bucket_list[1]= N2, N5, N8

bucket_list[2]= N4

第三次拉链:

N3, N6, N1, N7, N2, N5, N8, N4

最后得出结果:

{ N3, N6},{ N1, N7},{ N2, N5, N8 },{ N4}

得出分类后的结果:

{113, 113},{122, 122},{ 231,231,231 },{311}

输出结果如图10.11所示:

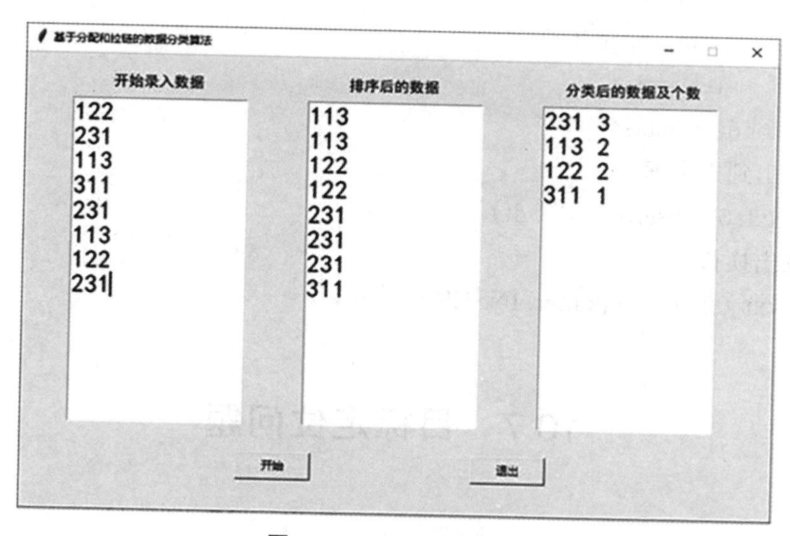

图10.11 数据分类结果

参考代码(python)

```
#用列表存储输入的数据
text = (txt_01. get(0.0, "end"). replace(" ", "")). split("\n")
#列表最后一个元素是空删除它
text. pop()
data = list(map(int, text))
```

```
i = 0
# 最大值
max_num = max(data)
# 记录最大值的位数
j = len(str(max_num))
while i < j:
    # 初始化数组
bucket_list = [[] for _ in range(10)]
    for x in data:
    # 找到位置放入数组
    bucket_list[int(x / (10 ** i)) % 10].append(x)
    print(bucket_list)
  data.clear()
    # 放回原序列
        for x in bucket_list:
            for y in x:
            data.append(y)
            i += 1
        for dt in data:
    # 输出到文本框
        txt_02.insert("end", dt)
    # 输出换行
        txt_02.insert(tkinter.INSERT, "\n")
```

10.7 目标定位问题

题目描述

目标检测,也被称为目标提取,是计算机视觉领域的核心问题之一。它的基本任务是在图像中找出所有感兴趣的目标,确定它们的类别和位置。由于各类物体在外观、形状和姿态上存在差异,并且在成像过程中可能会受到光照、遮挡等因素的影响,因此,目标检测被视为一个具有挑战性的问题。

目标检测的准确性和实时性对于整个系统的性能至关重要。当需要在复杂场景中对多个目标进行实时处理时,目标自动提取和识别的能力就显得尤为重要。此外,目标检测也是许多其他视觉任务的基础，例如实例分割、图像标注和目标跟踪等。

输入格式

我们把目标检测问题简化，给定一幅彩色图像，要求检测出散落在其中的所有数字的位置。注意，数字颜色、大小、字体不一，且可能被若干线条、不同颜色的色块以及高斯噪声干扰，如图10.12所示。

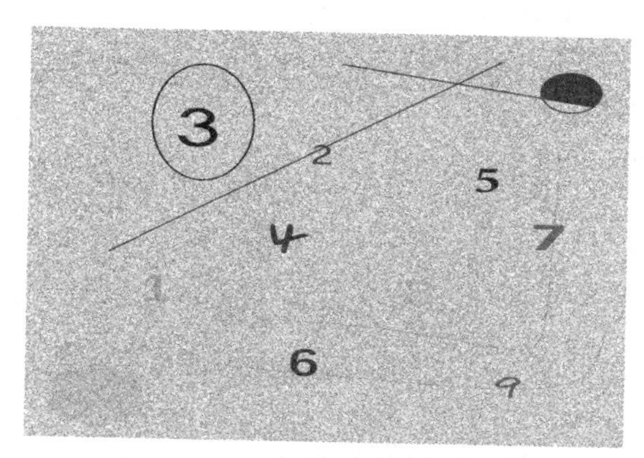

图10.12 带干扰的彩色数字图像图

输出格式

对于每个数字，输出包含该数字的子图。

算法思路

如图10.13所示的目标定位流程图：要检测出每个数字的位置，可以先通过数字图像处理中的阈值分割和形态学算法，将三维数组表示的彩色图像处理为二维数组表示的二值图像；再利用图的深度优先遍历算法对前景区域进行连通区域标记，提取每个数字的外接矩形位置，进而获取每个数字的子图，子图可以通过list容器存放每个外接矩形的位置来实现。

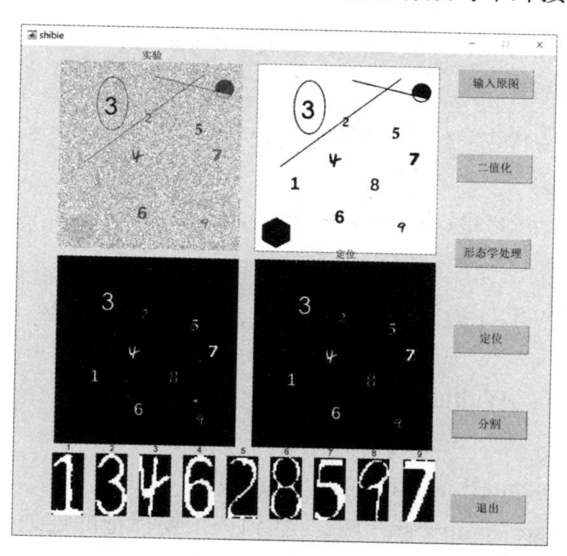

图10.13 目标定位算法步骤

参考代码

```
int RegionGrowROI(unsigned char* src, unsigned char* dst, int iWidth, int iHeight, list
〈ROI〉* ROIList,int thMin, int thMax)
{
    //图像每行像素字节数
    int lineByte=(iWidth+3)/4*4;

    //循环变量,图像的坐标
    int i, j, ii, jj;
    int src;
    int regionNum=0;            //连通区域个数
    int singleSize=0;           //单个连通区域像素点个数

    ROI currentROI;             //当前ROI
    int rect=iHeight*lineByte;
    int iFlag;                  //标记图灰度值
    //临时输入图
    unsigned char* srcTemp=new unsigned char;
    //单个连通区域
    unsigned char* Img=new unsigned char[rect];

    //临时输入图拷贝
    memcpy(srcTemp,src,rect*sizeof(unsigned char));
    //单个标记图置零
    memset(Img,0,rect*sizeof(unsigned char));
    //输出标记图置零
    memset(dst,0,rect*sizeof(unsigned char));

    for(i=0;i<iHeight; i++)
    {
        for(j=0;j<iWidth;j++)
        {
            src=i*lineByte+j;
            if(*(srcTemp+src))  //找到一个要标记的连通区域
            {
```

```
                CPoint seed(j,i);
                singleSize=DFS(srcTemp,Img,iWidth,iHeight,seed,regionNum+1,0);
                    //图的深搜
                if(singleSize>thMin && singleSize<thMax){
                    //移除过小或过大区域,增加ROI结点
                    currentROI. bwImg2ROI(Img,iWidth,iHeight,regionNum+1);
                    if(currentROI.width>=iWidth||currentROI.height>=iHeight){
                        for(ii=0;ii<iHeight;ii++){
                            for(jj=0;jj<iWidth;jj++){
                                src=ii*lineByte+jj;
                                if(*(Img+src)==regionNum+1)
                                    *(Img+src)=0;
                            }
                        }
                    }
                    else{
                        ROIList->push_back(currentROI);
                        regionNum++;
                    }
                }
                else{
                    for(ii=0;ii<iHeight;ii++){
                        for(jj=0;jj<iWidth;jj++){
                            src=ii*lineByte+jj;
                            if(*(Img+src)==regionNum+1)
                                *(Img+src)=0;
                        }
                    }
                }
            }
        }
    }
    memcpy(dst,Img,rect*sizeof(unsigned char));
    detelte srcTemp;
    fdelete Img;
    return regionNum;
}
```

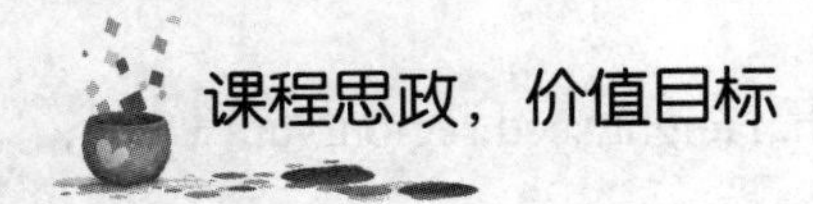

10.8 高铁列车定位问题

题目描述

我国高铁发展始于2008年,经过多年的快速发展,目前中国高铁线路长度已经达到3.6万千米,占世界高铁总里程的两个三分之一左右,高铁客运量已超过40亿人次。中国高铁系统实现了全国范围内的高速铁路网覆盖,使中国高铁在速度、规模和服务水平、安全等方面都成为了全球高铁的领导者。

2021年1月20日零时,长三角地区首次开行环线列车,从“合肥南站”到“合肥南站”。环线列车的开行,串起了沿线肥西、舒城、庐江、桐城、安庆、池州、铜陵、无为、巢湖等地。铜陵、池州等地与合安沿线城市间往来,不需要中途换车即可一车直达,使沿线群众出行更方便快捷。

当我们乘坐列车时,经常思考的一个问题是:列车之间是如何获取彼此距离,从而保证安全距离行驶的?请尝试使用数据结构中哈夫曼算法,结合编码知识来探讨基于哈夫曼算法的列车定位技术。

解题思路

假设“合肥南—合肥南”环线高铁各个车站均以合肥南为始发站,这样合肥南的权值为0,依此类推,以其他车站距合肥南的距离为权值。假设A、B、C、D、E分别表示合肥南、无为站、铜陵站、桐城站和安庆站。各个车站距离合肥南站的距离即为权值,分别为0千米、110千米、200千米、160千米和240千米,构造一棵哈夫曼树,进一步可以得到每个车站唯一的一个以二进制为单位的哈夫曼编码,如图10.14所示。

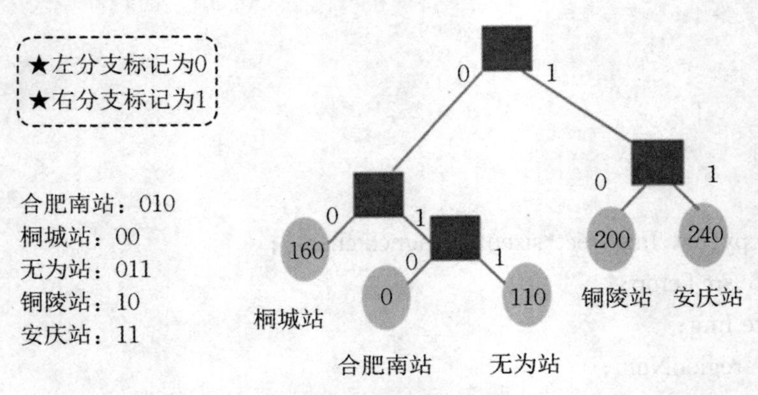

图10.14 高铁站权值哈夫曼树

考虑到环线最长距离为240千米，列车行驶平均速度假设为300千米/小时，采用计轴定位法，可以在每隔5千米(即列车行驶1分钟距离)在铁轨上放置一个位置传感器，结合传感器数量，对传感器位置进行编码，假设为5位进行编码。列车号假设用4位进行编码。高铁站最大是3位，因此只需要3位编码，如图10.15所示。

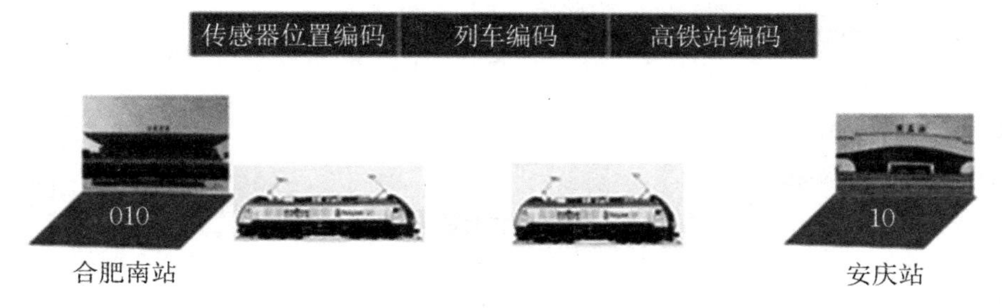

图10.15　高铁站编码

设第一列列车从合肥南出发10分钟后，编码是0101000101010，前5位二进制01010表示列车已经到达第10个位置传感器，001表示编号为A的列车，01010表示合肥南站到安庆站；类似可以对正在同向行驶的列车进行编码100100101001010。通过高铁站编码确定方向，然后通过位置传感器就可以求出列车的安全距离，结果如图10.16所示。

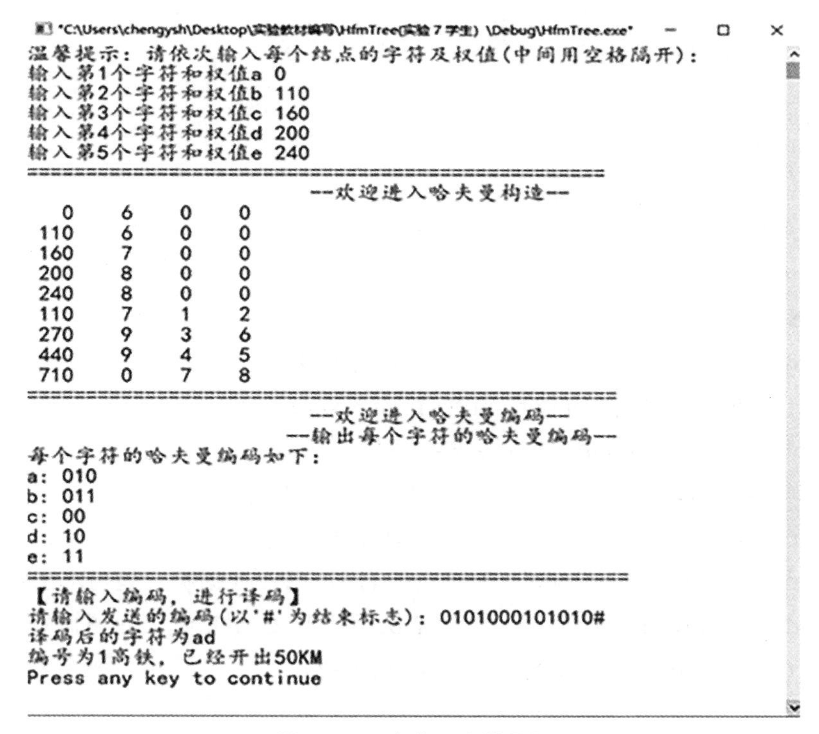

图10.16　安全距离结果图

参考代码

```
#include <stdio.h>
#include <string.h>
#include <iostream.h>
#include <iomanip.h>
#include <stdlib.h>
#include <math.h>
#include <windows.h>
#define n 5                          //叶子数目
#define m (2*n-1)                    //结点总数
#define maxval 10000
#define maxsize 100                  //哈夫曼编码的最大位数
typedef struct
{
    char ch;
    int weight;
    int lchild,rchild,parent;
}hufmtree;
typedef struct
{
    char bits[n];                    //位串
    char ch;                         //字符
}codetype;
void huffman(hufmtree HT[]);         //建立哈夫曼树
void select(hufmtree HT[],int nn,int &s1,int &s2);
    //选择两个最小的权值,并且要求s1序号小于s2
void print(hufmtree HT[]);           //打印哈夫曼树结果
void printcode(codetype code[]);     //打印哈夫曼编码
void huffmancode(codetype code[],hufmtree HT[]);//根据哈夫曼树求出哈夫曼编码
void decode(hufmtree HT[]);          //依次读入电文,根据哈夫曼树译码
void select(hufmtree HT[],int nn,int &s1,int &s2)
{   //请完成该函数
    int temp;
    s1=s2=0;
    HT[0].weight=maxval;
```

```
        for(int j=1;j<=nn;j++){
            if(HT[j].weight<HT[s1].weight&&HT[j].parent==0){
            s1=j;
            }
        }
        for( j=1;j<=nn;j++){
            if(HT[j].weight<HT[s2].weight&&HT[j].parent==0&&j!=s1){
            s2=j;
            }
        }
        if(s1>s2){
            temp=s1;
            s1=s2;
            s2=temp;
        }
}
void print(hufmtree HT[])
{
        for(int i=1;i<=2*n-1;i++)
        {
        printf("%4d ",HT[i].weight);

            printf("%4d ",HT[i].parent);
            printf("%4d ",HT[i].lchild);
            printf("%4d\n",HT[i].rchild);

        }
}
void printcode(codetype code[])
{
        for(int i=1;i<=n;i++)
        {
            printf("%c: ",code[i].ch);
            puts(code[i].bits);
        }
}
```

```
void huffman(hufmtree HT[])          //建立哈夫曼树
{
    int i,j,p1,p2; //p1,p2分别记住每次合并时权值最小和次小的两个根结点的下标
    int f;
    char c;
    for(i=1;i<=m;i++)             //初始化
    {
        HT[i]. parent=0;
        HT[i]. lchild=0;
        HT[i]. rchild=0;
        HT[i]. weight=0;
    }
    printf("温馨提示:请依次输入每个结点的字符及权值(中间用空格隔开):\n");
    for(i=1;i<=n;i++)             //读入前n个结点的字符及权值
    {
        printf("输入第%d个字符和权值",i);
        scanf("%c %d",&c,&f);
        getchar();
        HT[i]. ch=c;
        HT[i]. weight=f;
    }
    for(i=n+1;i<=m;i++)       //进行n-1次合并,产生n-1个新结点
    {
        select(HT,i-1,p1,p2);
        HT[p1]. parent=i;
        HT[p2]. parent=i;
        HT[i]. lchild=p1;             //最小权根结点是新结点的左孩子
        HT[i]. rchild=p2;             //次小权根结点是新结点的右孩
        HT[i]. weight=HT[p1]. weight+HT[p2]. weight;
    }
}  //huffman
void huffmancode(codetype code[],hufmtree HT[]) //根据哈夫曼树求出哈夫曼编码
//codetype code[]为求出的哈夫曼编码
//hufmtree HT[]为已知的哈夫曼树
{
    int i,c,p;
```

```
        int start;
        char cd[n];                              //缓冲变量
        cd[n－1]='\0';
        for(i=1;i<=n;i++)
        {
            c=i;                                 //从叶结点出发向上回溯
            start=n－1;
            p=HT[i].parent;                      //HT[p]是HT[i]的双亲
            while(p!=0)
            {
                if(HT[p].lchild==c)
                        cd[－－start]='0';       //HT[i]是左子树,生成代码'0'
                    else
                        cd[－－start]='1';       //HT[i]是右子树,生成代码'1'
                c=p;
                p=HT[p].parent;
            }
            strcpy(code[i].bits,cd+start);
            code[i].ch=HT[i].ch;

        }
    }   //huffmancode
    void decode(hufmtree HT[])                   //依次读入电文,根据哈夫曼树译码
    {
        int i,j=8;
        char b[maxsize];
        char b1[maxsize];
        i=m;                                     //从根结点开始往下搜索
        printf("请输入发送的编码(以'#'为结束标志):");
        gets(b);
        printf("译码后的字符为");
        while(b[j]!='#')
        {
            if(b[j]=='0')
            i=HT[i].lchild;                      //走向左孩子
            }
```

```
            else
            {
                  i=HT[i]. rchild;                 //走向右孩子
            }
            if(HT[i]. lchild==0)                   //HT[i]是叶结点
            {
                  printf("%c",HT[i]. ch);
                  i=m;                             //回到根结点
            }
            j++;
      }
      printf("\n");
//获取传感器位置
      float pos=0;
for (i=4;i>=0;i--)
{
      pos=pos+(b[i]-'0')*pow(2,4-i);
}
      pos=pos*5;
//获取列车编号
float train=0;
for (i=7;i>=5;i--)
{
      train=train+(b[i]-'0')*pow(2,7-i);
}
printf("编号为%. 0f高铁,已经开出%. 0fKM\n",train,pos);
if(HT[i]. lchild! =0 &&b[j]! ='#')         //电文读完,但尚未到叶子结点
{
       printf("\nERROR\n");                 //输入电文有错
}
}     //decode
#include"Hfm. h"
int main(void)
{
      printf("总共有%d个字符\n",n);
      hufmtree HT[m];
```

```
    codetype code[n];
    int i,j;                        //循环变量
    huffman(HT);                    //建立哈夫曼树
    printf("====================================
=======================\n");
    printf("                  ——欢迎进入哈夫曼构造——\n");
    print(HT);
    huffmancode(code,HT);           //根据哈夫曼树求出哈夫曼编码
    printf("====================================
=========================\n");
    printf("                  ——欢迎进入哈夫曼编码——\n");
    printf("                ——输出每个字符的哈夫曼编码——\n");
    printf("每个字符的哈夫曼编码如下:\n");
    printcode(code);
    printf("====================================
===========================\n");
    printf("【请输入编码,进行译码】\n");
    decode(HT);                     //依次读入电文,根据哈夫曼树译码
    return 0;
}
```

参考文献

[1]　程玉胜,王秀友.数据结构与算法:C语言版[M].2版.合肥:中国科学技术大学出版社,2020.
[2]　严蔚敏,李冬梅,吴伟民.数据结构:C语言版[M].2版.北京:人民邮电出版社,2022.
[3]　李春葆,尹为民,蒋晶,等.数据结构教程:微课视频·题库版[M].6版.北京:清华大学出版社,2022.
[4]　何钦铭,徐镜春,魏宝刚,等.数据结构[M].2版.北京:高等教育出版社,2016.
[5]　马克·艾伦·维斯.数据结构与算法分析:C语言描述[M].北京:机械工业出版社,2019.